Amira Ragab EL Barky
Ehab Mostafa Mohamed Ali
Tarek Mostafa Mohamed

Componente bioativo: Saponina

Amira Ragab EL Barky
Ehab Mostafa Mohamed Ali
Tarek Mostafa Mohamed

Componente bioativo: Saponina

ScienciaScripts

Imprint
Any brand names and product names mentioned in this book are subject to trademark, brand or patent protection and are trademarks or registered trademarks of their respective holders. The use of brand names, product names, common names, trade names, product descriptions etc. even without a particular marking in this work is in no way to be construed to mean that such names may be regarded as unrestricted in respect of trademark and brand protection legislation and could thus be used by anyone.

Cover image: www.ingimage.com

This book is a translation from the original published under ISBN 978-620-2-02945-2.

Publisher:
Sciencia Scripts
is a trademark of
Dodo Books Indian Ocean Ltd. and OmniScriptum S.R.L publishing group

120 High Road, East Finchley, London, N2 9ED, United Kingdom
Str. Armeneasca 28/1, office 1, Chisinau MD-2012, Republic of Moldova, Europe
Printed at: see last page
ISBN: 978-620-8-20191-3

ÍNDICE DE CONTEÚDOS

Componente bioativo, Saponina

Amira Ragab El Barky*, doutoramento, Ehab Mostafa Mohamed Ali, doutoramento, e Tarek Mostafa Mohamed, doutoramento

Divisão de Bioquímica, Departamento de Química, Faculdade de Ciências, Tanta

Universidade, Tanta, Egito

Autor correspondente**: Amira Ragab EL Barky**

correio eletrónico: **amiramaram52@yahoo.com**

* Autor correspondente no Departamento de Bioquímica, Faculdade de Ciências, Universidade de Tanta, Egito.

Tel: **+201001932978**

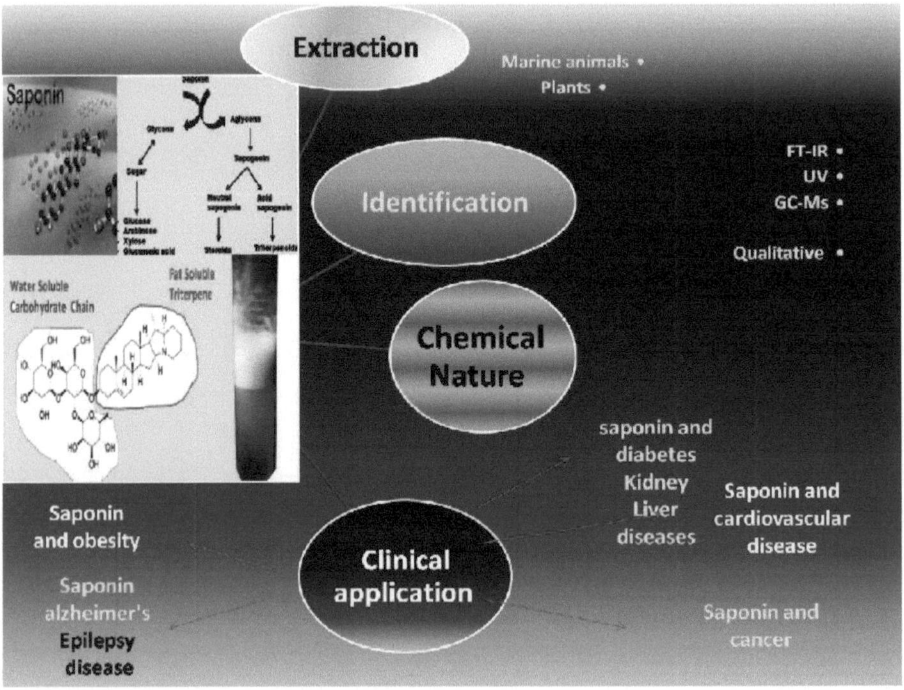

Resumo

As saponinas são uma das classes mais importantes de produtos naturais. Trata-se de um glicosídeo não volátil. É constituída por uma aglicona solúvel em gordura, que é um esteroide triterpenóide ou alcaloide. A parte da aglicona está ligada covalentemente a uma ou mais fracções de açúcar monossacárido.

As saponinas triterpenóides ou esteróides são sintetizadas biologicamente durante a via do mevalonato. O esqualeno (C30) é oxidado em oxidosqualeno e, em seguida, a ciclização do oxidosqualeno em saponinas pode ocorrer através da conformação "cadeira-cadeira-cadeira", que dá origem à forma de tri-terpenos, ou através da conformação "cadeira-barco-cadeira", que dá origem à forma de esteróides.

As saponinas distinguem-se pelos seus picos de absorção caraterísticos que foram detectados com a técnica FT-IR e que revelaram a existência de grupos hidroxilo (-OH), grupos alquilo (CH), (C=C), (C=O) e (C-O-C), o que indica uma ligação oligossacárida.

As saponinas encontram-se em plantas superiores, bem como em alguns animais marinhos. São novos compostos bio-orgânicos complexos. As saponinas têm muitas actividades biológicas, por exemplo, podem diminuir o nível sérico de glicose no sangue em doentes diabéticos, reduzindo o mau colesterol e o triacilglicerol sérico e têm atividade antitumoral. Além disso, pode ser utilizada em algumas bebidas, como a cerveja, para produzir espuma estável e no detergente. Assim, as saponinas foram introduzidas em numerosas acções farmacológicas. Este livro tem como objetivo discutir e destacar a estrutura, extração, identificação e aplicação clínica das saponinas.

Palavras-chave: Saponina; FT-IR; GC-MS; aplicações clínicas; estrutura química.

Destaques

- Existem vários tipos distintos de saponinas que constituem uma classe importante de produtos naturais.
- As saponinas são compostos glicosídicos, triterpenos ou agliconas de esteróides.
- As saponinas são derivadas da via do mevalonato.
- As saponinas apresentam numerosas actividades biológicas e efeitos terapêuticos.

Capítulo 1. Introdução:

As saponinas são uma classe importante de compostos de produtos naturais. Existem vários tipos distintos de saponina com elevado peso molecular, têm um grande grupo de atividade de superfície e são compostos não voláteis [1]. Foram descobertas em plantas superiores, onde se encontram disseminadas [2], e também em alguns organismos marinhos, como estrelas-do-mar, esponjas e pepinos-do-mar, que são atualmente considerados uma fonte rica em saponinas [3]. São metabolitos secundários, constituídos por uma porção de açúcar ligada a um triterpeno ou a uma aglicona esteroide [3]. O nome deriva da palavra latina "sapo", que significa sabão. As plantas que contêm saponinas são utilizadas em detergentes domésticos, por exemplo *Saponaria officinalis* L. [4].

As saponinas são novos compostos complexos bio-orgânicos que exibem a capacidade de formar espumas estáveis semelhantes a sabão nas suas soluções aquosas e após tratamento com 5% de bicarbonato de sódio [5,6].

A propriedade espumante e a formação de espuma em favo de mel das saponinas devem-se à interação da sapogenina hidrofóbica com as partes hidrofílicas do açúcar das saponinas durante a agitação [7]. Além disso, 1% de saponina causou a hemólise do sangue de um dador saudável [8].

A reação da saponina com o colesterol na parede dos eritrócitos resulta em alterações de permeabilidade que podem ser responsáveis pela atividade hemolítica [9]. Assim, a capacidade da saponina de lisar as hemácias é uma caraterística importante da saponina. Por conseguinte, o ensaio hemolítico também é utilizado para detetar saponinas [10].

Capítulo 2. Natureza química das saponinas espumantes

As saponinas são compostos glicosídicos que se dividem em 2 tipos com base na estrutura química da sua parte aglicona, neutra, quando um açúcar normal está ligado à aglicona ou sapogenina, e ácida, quando o açúcar contém um ou mais grupos carboxílicos que estão ligados à sapogenina [11,12].

As saponinas variam na quantidade de sapogenina e nos comprimentos, ligações e substituintes dos seus açúcares [13]. Consistem num núcleo lipossolúvel chamado aglicona, designado genina ou sapogenina, que é um triterpenóide (C-30) ou um esteroide neutro ou alcaloide (C-27) [14], ligado covalentemente a uma ou mais porções de açúcar [15]. Os açúcares podem ser glucose, galactose, ácido glucurónico, xilose, ramnose e o oligossacárido está ligado na posição C_3 , mas em algumas saponinas os açúcares adicionais estão ligados nas posições C_{26} ou C_{28} [16]. As gliconas, que podem ser um ou mais açúcares, podem ser unidas através de ligações éter e éster ao núcleo da aglicona não açucarada. Os pesos moleculares das saponinas variam entre 1000 e 1500 Daltons [17]. Esteróides ou triterpenóides, as saponinas podem ser mono, bi ou tridesmódicas. As saponinas monodesmódicas têm uma única cadeia de açúcar, que se liga na posição C-3, enquanto as saponinas bidesmódicas têm duas cadeias de açúcar, uma delas ligada através de uma ligação de éter em C-3 e a outra ligada através de uma ligação de éster em C-28 ou através de uma ligação de éter em C-20, por exemplo, saponinas triterpénicas pentacíclicas e tertacíclicas, respetivamente, ou através de uma ligação de éter em C-26, como as saponinas furostânicas [12].

As saponinas são muito difíceis de classificar [18], uma vez que a sua estrutura é muito complexa, o que resulta da variação da estrutura da parte aglicona e também devido à variabilidade da natureza das cadeias laterais na aglicona [16].

Capítulo 3. Estrutura da saponina

Tanto os triterpenóides como as saponinas esteróides seguem a mesma via de biossíntese do colesterol. No início, a condensação de acetil-CoA na via do mevalonato [19], o rendimento é acetoacetil-CoA que reage com acetil-CoA com a ajuda de HMGCS, resultando em 3-hidroxi-3-metilglutaril-CoA (HMG-CoA), que na presença de HMGCR produz mevalonato. O mevalonato é então ativado por fosforilação na presença da mevalonato quinase e da fosfomevalonato quinase, produzindo mevalonato 5-fosfato e depois mevalonato 5-difosfato, que é seguido por uma descarboxilação dependente de ATP, produzindo isopentenilpirofosfato (IPP), que é uma molécula isoprenóide activada. A síntese de IPP é catalisada pela descarboxilase de difosfomevalonato. Em seguida, uma molécula de IPP condensa-se com uma molécula de pirofosfato de dimetilalilo (DMPP), dando origem ao pirofosfato de geranilo (GPP). O GPP condensa-se ainda com outra molécula de IPP, dando origem ao farnesil pirofosfato (FPP). 2 moléculas de FPP são ligadas entre si pela esqualeno sintase, resultando numa molécula com 30 átomos de C, denominada esqualeno [4].

As saponinas triterpenóides e esteroidais têm origem no precursor C30 esqualeno. No final, a esqualeno epoxidase epoxigena o esqualeno em 2,3-oxidosqualeno. O esqualeno é oxidado em oxidosqualeno [4], e este é transformado em derivados cíclicos através da protonação e da abertura do anel epóxido, que cria um ião carbénio que sofre vários tipos de reacções de ciclização na presença da oxidosqualeno ciclase, podem ser criados diferentes esqueletos e, por conseguinte, formados diferentes tipos de saponina, por exemplo, a dammarenediol sintase, a 0-amirina sintase e a a-amirina sintase, que produzirão saponinas do tipo dammarano, oleanano e ursano, respetivamente [15].

O tipo de ciclase que está implicado na reação de ciclização determina os tipos de esqueleto. O processo de ciclização do oxidosqualeno em saponinas pode avançar de duas formas: através da conformação "cadeira-cadeira-cadeira", que dá origem a triterpenos, ou através da conformação "cadeira-barco-cadeira", que dá origem a esteróides [18].

As sapogeninas esteróides podem ser obtidas a partir de intermediários na via do fitosterol a jusante da formação do cicloartenol e consistem numa aglicona esteroide, comprometendo uma estrutura de seis anéis [18], enquanto as sapogeninas triterpenóides ramificam-se da via por ciclização alternativa do 2,3-oxidosqualeno e consistem numa aglicona triterpenóide, comprometendo uma estrutura pentacíclica [18].

Os padrões de glicosilação das saponinas são cruciais para as suas actividades biológicas. As cadeias laterais de sacarídeos são introduzidas no aglicona através das monooxigenases do citocromo P450 (CYP450s).

Provavelmente por adição sequencial de resíduos de açúcar simples [15]. Consequentemente, finalizando a figura da biossíntese de saponinas (1).

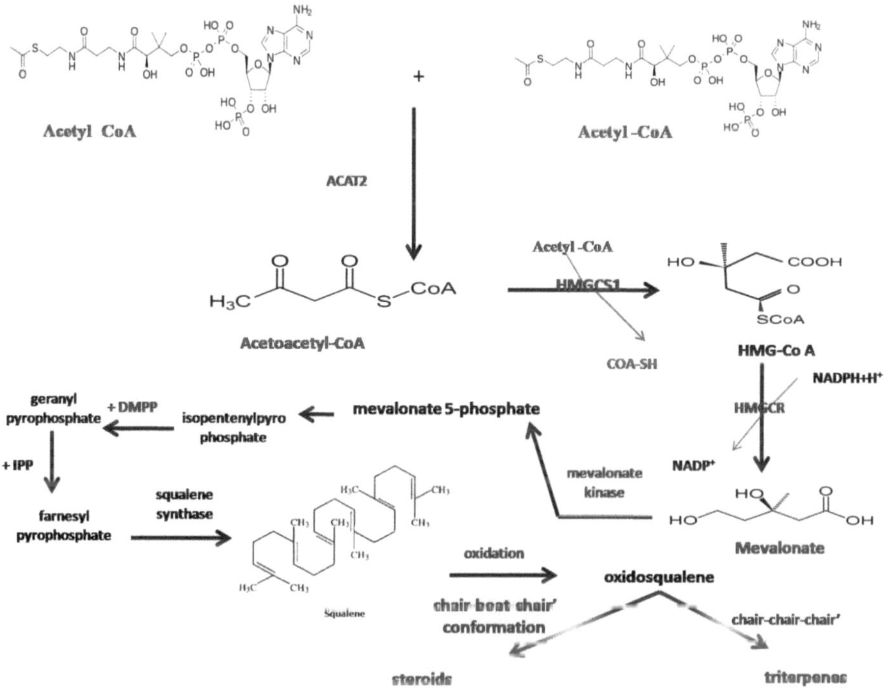

Figura (1): Biossíntese da saponina

Capítulo 4. Extração da saponina

A saponina pode ser extraída de animais marinhos, como o pepino-do-mar, de acordo com o método descrito por [20]. As paredes do corpo do pepino-do-mar foram secas ao ar e trituradas em pó e extraídas quatro vezes por refluxo com 8 litros de etanol a 70 % a 70°C e armazenadas à temperatura ambiente durante 24 horas. Foi filtrado com papel Watman n.º 1. Os extractos combinados foram evaporados com um evaporador rotativo para remover o etanol e posteriormente divididos entre água e clorofórmio. A camada de água foi extraída com n-butanol e a camada orgânica foi evaporada com um evaporador rotativo para obter extractos de n-butanol. Os extractos de n-butanol foram concentrados numa estufa a 60°C [21] figura (2).

A utilização dos solventes alcoólicos etanol ou metanol para a extração de compostos bioactivos de organismos marinhos permite uma separação baseada na polaridade [22].

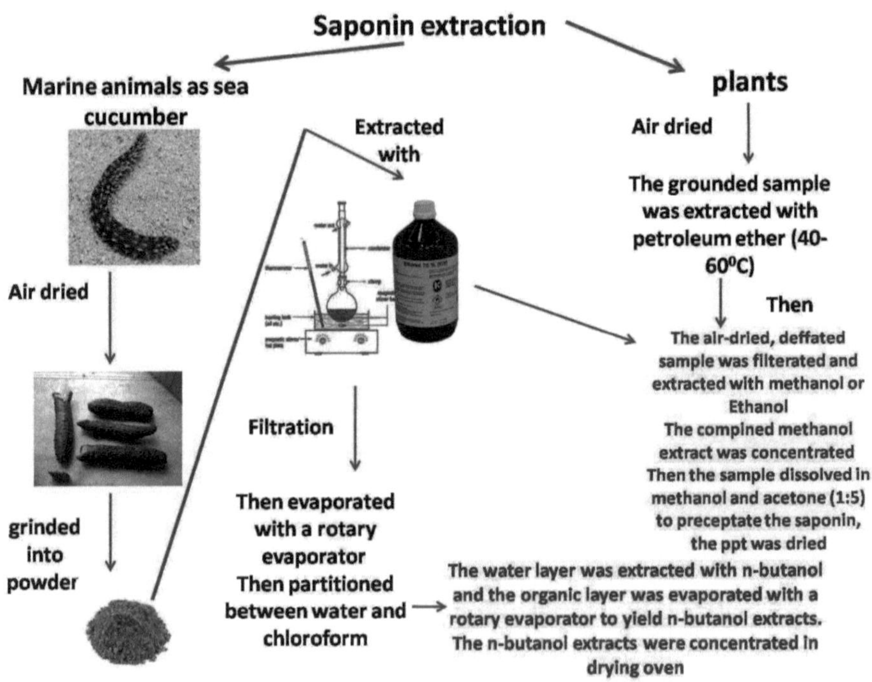

Figura (2): Extração de saponina

Capítulo 5. Propriedades físicas e químicas da saponina

As saponinas são compostos amorfos caracterizados por um elevado peso molecular. São solúveis em água e produzem espuma como o sabão, mas quando são solúveis em solventes orgânicos como o clorofórmio, a acetona ou o éter, a propriedade de formação de espuma é inibida. A solubilidade das saponinas é também afetada pelas propriedades do solvente, sendo afetada pela temperatura, composição e pH. A água e os álcoois, como o metanol e o etanol, são os solventes de extração mais comuns para as saponinas [23]. As saponinas têm um sabor amargo [24].

Análise qualitativa da saponina

- **Ensaio de espuma**

A propriedade de formação de sabão das saponinas pode ser utilizada como um marcador para detetar a presença de saponinas no pepino-do-mar ou em qualquer planta. Aproximadamente 2 g da amostra em pó foram diluídos com água destilada até 20 ml e agitados vigorosamente até à formação de uma espuma estável e persistente [25]. Adicionaram-se 3 gotas de azeite à espuma e continuou-se a agitar vigorosamente. O resultado positivo é indicado pela formação de uma emulsão [26]. Figura (3a).

- **Deteção de saponinas através do teste da espuma**

Num tubo de ensaio, dissolver 5 ml do extrato de saponina em água destilada e adicionar uma gota de bicarbonato de sódio a 5%, agitar vigorosamente a mistura e mantê-la durante 3 minutos.

A formação de espuma em forma de favo de mel indica a presença de saponinas [27]. Figura (3 b).

- Ensaio com acetato de chumbo

A presença de saponinas pode ser detectada qualitativamente pela formação de um precipitado branco quando 1 ml de extrato foi tratado com uma solução de acetato de chumbo a 1% [25] figura (3c).

(a) (b)

Figura (3a) : Identificação da saponina, ensaio da espuma: observou-se uma espuma estável e persistente quando o extrato foi agitado com água, tendo a espuma durado mais de uma hora

Frothing saponin

Frothing saponin + olive oil

Figura (3b) : Identificação da saponina, Teste de formação de espuma, A formação de espuma resultante da agitação vigorosa com água foi misturada com 3 gotas de azeite e agitada vigorosamente, resultando na formação de uma emulsão.

Saponin saponin+ Lead acetate

Figura (3c) : Identificação da saponina, teste do acetato de chumbo: O extrato que foi tratado com acetato de chumbo resultou na formação de precipitados brancos.

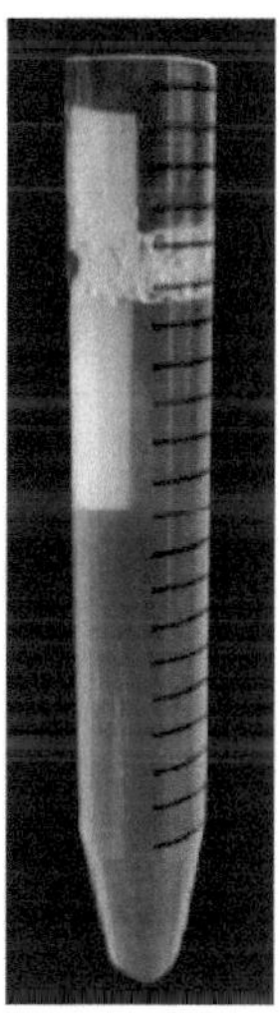

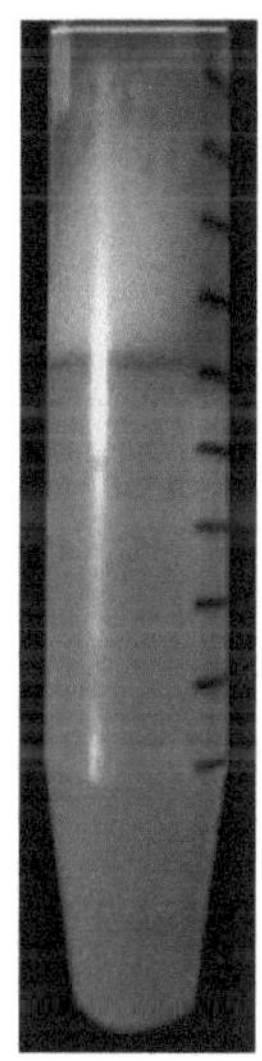

Saponin Saponin + sodium bicarbonate

Figura (4): Identificação da saponina, teste do bicarbonato de sódio:

O bicarbonato de sódio adicionado ao extrato de saponina de pepino do mar resultou na formação de uma espuma semelhante a um favo de mel.

- **Teste de hemólise**

A presença de saponinas pode ser detectada qualitativamente através da observação do efeito da desova no sangue. O sangue foi recolhido em tubos que continham ácido etileno diamino tetra acético como anticoagulante. Adicionaram-se 2 ml de solução salina normal em 2 tubos de ensaio, 2 ml de água destilada num deles e 2 ml de extrato a 1 % no outro. Adicionaram-se cinco gotas de EDTA de sangue a ambos os tubos e misturaram-se suavemente com o conteúdo. A hemólise pode ser observada pelo olho e pelo pescoço ao microscópio [21,28]. Figura (5).

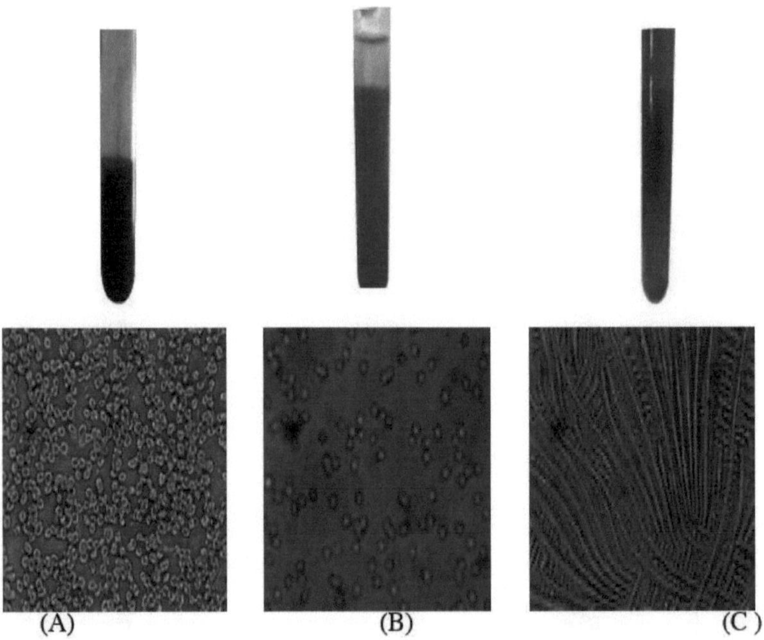

Figura (5): Identificação da saponina, teste de hemólise: O extrato de saponina a 1 % resultou na hemólise do sangue de um dador saudável, o que indica a presença de saponina. (A Sangue total de uma criança saudável, B 2 ml de solução salina normal + 2 ml de H_2 O + 5 gotas de sangue de uma criança saudável com EDTA e C 2 ml de solução salina normal + 2 ml de extrato a 1 % + 5 gotas de sangue de uma criança saudável com EDTA).

- **Diferenciação entre os dois tipos de saponinas, esteróides e tritrepenóides**

- **Ensaios Salkowski**

Os dois tipos de saponina, tritrepenóide e esteroide, podem ser identificados de acordo com [29]. 0,5 g dos extractos de saponina foram adicionados a 2 ml de clorofórmio e, em seguida, 3 ml de H_2SO_4 concentrado foram adicionados cuidadosamente para formar uma camada, figura (6).

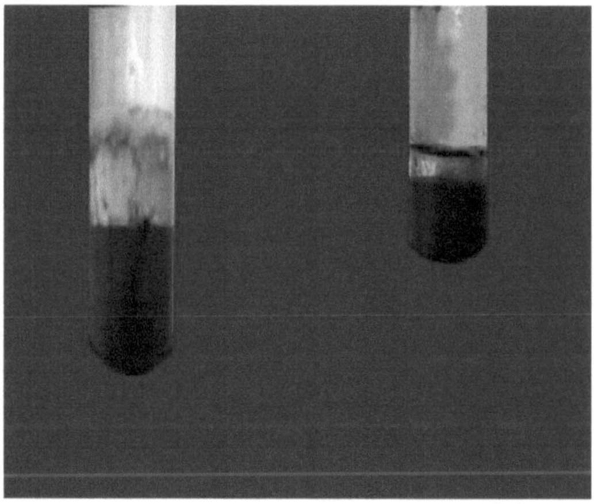

Figura (6) : Diferenciação entre os dois tipos de saponina, teste de Salkowski, o extrato de saponina de pepino do mar que foi agitado com a solução de clorofórmio e agitado com ácido sulfúrico concentrado em repouso, resultou numa camada inferior que se transformou numa cor castanha avermelhada formada na interface que indicava a saponina triterpenóide.

Capítulo 6. Análise quantitativa da saponina

Determinação da concentração de saponinas

O teor de saponina total pode ser detectado de acordo com Hiai [30].

Princípio

A concentração de saponina pode ser determinada através de testes calorimétricos com ácido vanilino-sulfúrico, que se baseiam na bioatividade relacionada com a estrutura e nas propriedades estruturais das saponinas. O ensaio colorimétrico com ácido vanilino-sulfúrico baseia-se na estrutura da aglicona do composto. A aglicona com um grupo OH na posição C-3 pode reagir com a vanilina num meio ácido para produzir um cromogénio que tem o mesmo padrão de absorção, quer a aglicona esteja livre ou ligada a um açúcar. A solução de vanilina deve ser preparada de fresco.

Determinação da concentração de hidratos de carbono na saponina

Método do fenol-ácido sulfúrico

princípio

Os hidratos de carbono, quando reagem com ácido sulfúrico conc., produzem derivados de furfural. A reação entre os derivados de furfural e o composto fenol desenvolve uma cor que pode ser lida usando espectros [31].

Cromatografia em camada fina (TLC)

A cromatografia em camada fina (CCF) tem sido utilizada como um método simples e rápido para identificar os componentes extraídos de substâncias naturais [32].

- O extrato de saponina pode ser dissolvido em metanol aquoso a 50 %.
- 10 microlitros foram colocados em folhas de alumínio de sílica gel.
- As folhas de alumínio de sílica gel foram activadas na estufa a 60°C durante 20 minutos antes de iniciar a experiência.
- A mancha foi aplicada numa fila ao longo de um dos lados do papel de alumínio, a cerca de 2 cm do bordo, utilizando uma micropipeta.

• As manchas foram secas antes da aplicação seguinte e mantidas secas durante cerca de 10 minutos.

• As folhas de alumínio pintadas foram colocadas numa câmara de vidro para TLC previamente saturada com a fase móvel, coberta com uma tampa de vidro e deixada em repouso durante cerca de 25 minutos para saturação antes da utilização. O solvente adequado para a saponina é o n-butanol: ácido acético: água (4:1:5 v/v/v).

• Quando o sistema solvente atingiu a linha superior do papel, os papéis TLC foram retirados da câmara e secos à temperatura ambiente.

As folhas de papel de alumínio foram pulverizadas com ácido sulfúrico em etanol (10:90 v/v) e aquecidas durante cerca de 10 minutos a 110 °C para obter a cor da figura (7).

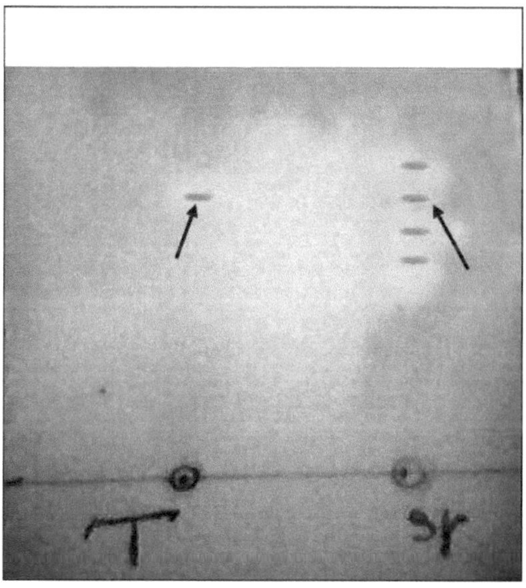

Fig. (7) Cromatografia em camada fina do extrato de saponina de pepino do mar e da saponina de referência

Espectroscopia de infravermelhos com transformada de Fourier (FT-IR)

A técnica FT-IR foi efectuada como método altamente específico para a identificação de saponinas. O espetro de FT-IR do extrato de saponina indicou picos de absorção caraterísticos. Mostrou picos de absorção importantes entre 4000 e 400 cm-1.

O espetro FT-IR exibiu picos agudos a 3400,10 indicando a presença de grupos hidroxilo (-OH), um pico a 2925,48-2859,92 cm-1 representando grupos alquilo (C-H), um pico a 1408 que indica (C=C), picos agudos a 1641 indicando a presença de (C=O) e 1067-1241,93 picos indicando (C-O-C) que é indicado para absorção de ligação de oligossacarídeo a sapogeninas. A existência de bandas -OH, -C=O, C-H e C=C nos picos de absorção do espetro FT/IR é caraterística das saponinas [21] figura (8).

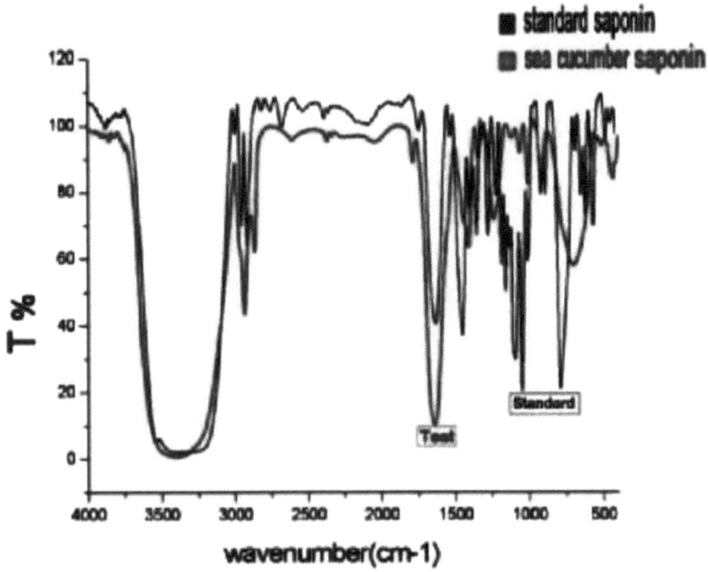

Figura (8) Espectro FT-IR do extrato de saponina do pepino-do-mar e da saponina padrão de referência [21].

Determinação do comprimento de onda máximo (X max) por espetroscopia de ultravioleta (UV)

A saponina apresenta um pico de absorção principal na gama de 250 a 350 nm. Os espectros das saponinas são caraterísticos, diferentes de outros metabolitos como os flavonóides, que são um tipo de fenóis que podem ser isolados durante a extração da saponina [33]. Num estudo efectuado por EL Barky [21], foi referido que os espectros UV da amostra de referência e do extrato de saponina indicaram que os espectros UV da saponina do pepino-do-mar *Holothuria thomasi* têm λ max a 282 nm e que, para o padrão de referência, o λ max foi de 283 e 305 nm [9] .

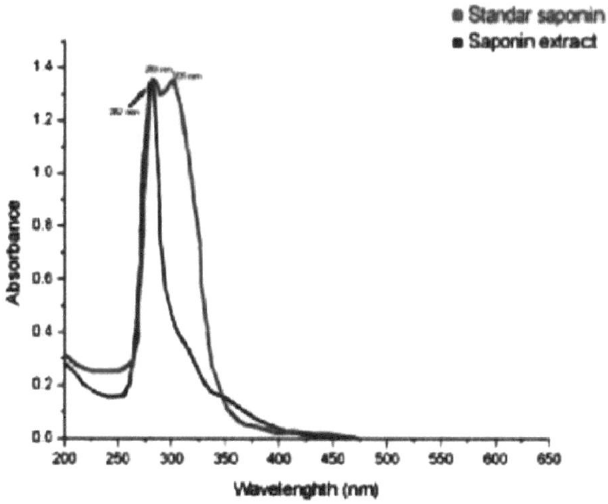

Fig. (9) : O comprimento de onda máximo do extrato de saponina (λ max 282 nm) e da saponina padrão (λ max 283 e 305 nm) [21].

Análise por cromatografia gasosa e espetrometria de massa (GC-MS)

A análise GC-MS do extrato de saponina mostrou que a parte aglicona pode ser éster metílico do ácido octadecanóico [21], ou ésteres metílicos dos ácidos hexadecanóico, eicosanóico, docosanóico, tetracosanóico, hexacosanóico e octacosanóico [34]. Além disso, **Patar [35]** mostrou que os principais constituintes dos compostos fenólicos por análise de massa GC no extrato da parede corporal do pepino-do-mar da Malásia, *Stichopus variegates*, tais como 2-carbamoil-3-metilquinoxalina, butanal-3-metil, éster metílico do ácido octadecanóico, 2-metil-7-fenilindole e éster metílico do ácido heptanóico, figura (10).

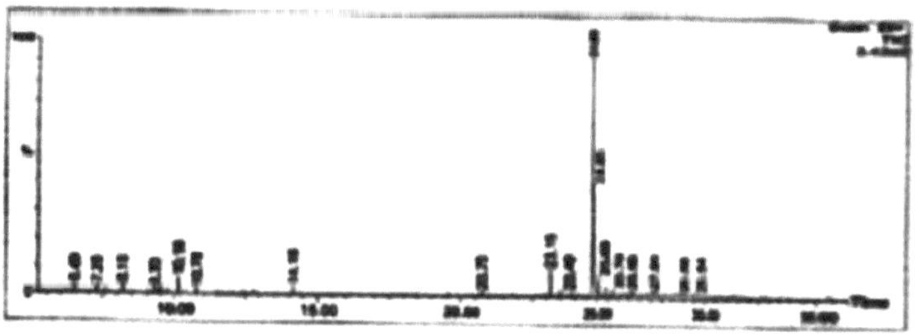

Fig. (10) : Análise GC-MS da saponina extraída do pepino do mar [21]

Capítulo 7. Aplicações biológicas e clínicas das saponinas

As saponinas ou holotúrias, tal como identificadas no animal marinho pepino-do-mar, apresentam numerosas actividades biológicas e efeitos terapêuticos [36]. Mostraram um efeito hemolítico, citostático, antineoplásico e actividades antitumorais [37]. Além disso, as saponinas alimentares do pepino-do-mar mostraram um efeito preventivo no alívio do fígado gordo induzido pelo ácido orótico em ratos [20], reduzindo o colesterol no sangue e o triacilglicerol na diabetes e aumentando o valor normal quando o seu valor diminui [21].

Foi atribuída às saponinas uma série de acções farmacológicas [38], as saponinas causam a permeabilização da membrana celular [39], estimulam a hormona luteinizante [16], têm potência imunomoduladora através da interação de citocinas [38] e aumentam sinergicamente a toxicidade das imunotoxinas [40]. Assim, a saponina tem sido utilizada na indústria farmacêutica pelas suas propriedades anti-inflamatórias, anti-hipertensivas e anticancerígenas [41]. A saponina tem sido utilizada para melhorar a capacidade de alimentação de bovinos e cordeiros [42]. Tanto as saponinas esteróides como as triterpenóides têm uma propriedade surfactante, pelo que podem ser um importante agente de remoção de metais pesados para o tratamento de sítios contaminados [42]. São consideradas agentes quelantes naturais para remover metais pesados como Cr, Cd, Cu, Pb e Zn do solo e das águas residuais [43]. As saponinas têm uma gama de propriedades devido à sua extensa diversidade estrutural, que inclui certas caraterísticas, adoçantes amargos, detergentes e propriedades emulsionantes, inibição da eritropoese em *Rattus novergicus* [44].

As saponinas também podem ser utilizadas em algumas bebidas, como a cerveja, para produzir uma espuma estável, como a saponina que foi extraída da Yucca e da Quillaja.

As propriedades detergentes das saponinas levaram à sua utilização em champôs, produtos de limpeza facial e cremes cosméticos [45].

O papel biológico da saponina na diabetes

A Diabetes Mellitus (DM) representa uma doença metabólica que se caracteriza pelo aumento dos níveis de glucose no sangue e uma diminuição significativa da insulina sérica. A DM é causada por defeitos na secreção de insulina, na sua ação ou em ambas. A hiperglicemia crónica, que se produz devido à diabetes, pode causar danos irreversíveis, disfunção e falha de diferentes órgãos [46]. Além disso, pode causar complicações graves, que são a principal causa de morbilidade e mortalidade em doentes diabéticos [47].

Os doentes com diabetes são propensos a sofrer de doenças micro e macrovasculares [48], que resultam do stress oxidativo, que aumenta a formação de radicais livres [49]. O stress oxidativo é gerado como resultado do produto final de glicação avançada, que tem uma forte associação com complicações diabéticas [50]. Os radicais livres, criados devido ao stress oxidativo, medeiam e aumentam a morte programada das células β [51].

As saponinas são os principais compostos bioactivos do pepino-do-mar e também da maioria das plantas medicinais que apresentam uma vasta gama de actividades biológicas e têm muitos efeitos terapêuticos [52]. Por exemplo, sabe-se que as saponinas são um componente bioativo contra a diabetes [53]. A saponina, que foi extraída do pepino-do-mar marinho, tem um efeito hipoglicémico potente em ratos diabéticos STZ [21], uma vez que estimula a secreção, a ação da insulina, a regeneração das ilhotas das células beta e ativa as enzimas responsáveis pela utilização da glicose [54].

A saponina influencia a libertação de insulina das células beta dos ilhéus pancreáticos e promove um novo crescimento das células beta secretoras de insulina [55]. O mecanismo antidiabético do componente saponina é através da redução do nível de glucose no sangue e da elevação dos níveis de insulina no plasma [56]. A capacidade da saponina para diminuir o nível de glucose no sangue faz da saponina um antioxidante excelente e eficiente na correção da diabetes mellitus.

O mecanismo de redução da glicose no sangue pode ocorrer através da regeneração da ação da insulina através do aumento dos níveis de insulina sérica e da libertação de insulina do pâncreas. Também modula a sinalização da insulina sérica ao diminuir o marcador pró-inflamatório, como o nível sérico de TNF-α e IL-6. Além disso, a saponina pode suprimir a atividade do dissacarídeo, diminuindo a atividade da alfa-amilase sérica. Além disso, ativa a síntese de glicogénio aumentando o conteúdo hepático de glicogénio e reprime a gluconeogénese diminuindo o nível de adiponectina sérica [21,46] figura (11,12).

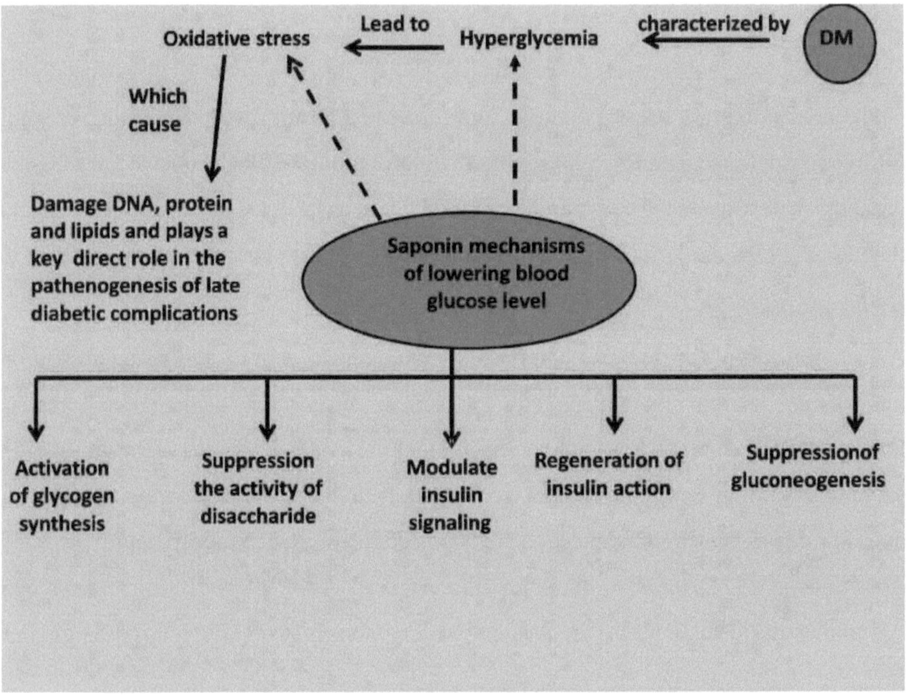

Figura (11): Mecanismo de ação da saponina na diabetes. EL Barky [46]

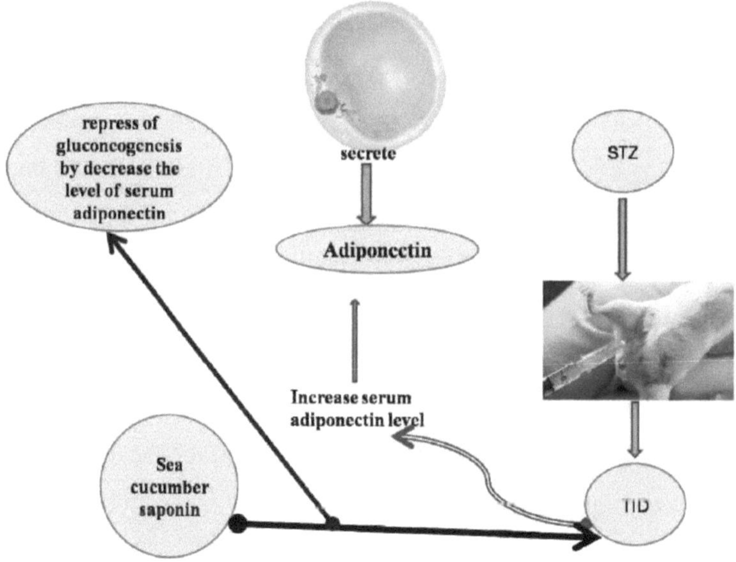

Figura (12): O mecanismo de ação da saponina de pepino do mar na redução da adiponectina sérica em ratos com diabetes induzida por STZ. **EL Barky [47].**

A saponina não só melhora a hiperglicemia, como também pode melhorar as complicações resultantes da diabetes, como a hiperlipidemia, os problemas renais e o stress oxidativo [21]. Pode melhorar as complicações que resultam da diabetes, como a hiperlipidemia, os problemas renais e o stress oxidativo [21].

Saponina e doenças cardiovasculares

A doença cardiovascular é uma das causas consideráveis de morbilidade e mortalidade precoces em todo o mundo, sendo a aterosclerose considerada a principal causa de DCV [57].

A apoptose de cardiomiócitos é comumente levantada e vista na insuficiência cardíaca junto com a isquemia miocárdica aguda [58]. O estresse oxidativo apresentou um papel importante na necrose tecidual e na lesão de reperfusão durante esse processo [59].

A saponina é considerada um dos promissores agentes cardioprotectores naturais, por exemplo, as saponinas de Panax Notoginseng (PNS), mostraram efeitos terapêuticos significativos e múltiplas acções farmacológicas como antiplaquetária, anticoagulante, antitrombótica, antiaterosclerose, hipolipemiante, vasodilatadora, anti-inflamatória, anti-isquémica, antiarrítmica, anti-hiperplasia e efeitos promotores da angiogénese (60).

As saponinas de Panax Notoginseng (PNS) podem regular todo o organismo, actuando em vários centros e alvos de proteção. Além disso, tem um efeito na inversão da hipertrofia ventricular, na proteção de órgãos-alvo, na melhoria da função dos vasos sanguíneos e noutros efeitos vasodilatadores auxiliares (60).

A saponina tem a capacidade de alterar a taxa de oxidação dos ácidos gordos no fígado e de reduzir a taxa de biossíntese do triacilglicerol. A redução do colesterol total no soro pode dever-se a uma diminuição da absorção do colesterol pelo intestino, à sua ligação aos ácidos biliares e a um aumento da excreção fecal de ácidos biliares [61]. A saponina também é conhecida por baixar o triacilglicerol sérico através da inibição da atividade da enzima lipase pancreática [62].

Saponina e cancro

A doença do cancro representa uma ameaça global para a saúde pública. Os dados epidemiológicos mostram claramente um aumento da difusão do cancro no mundo todos os anos. Para além dos factores genéticos que são cruciais para a formação e desenvolvimento do cancro, os factores ambientais são importantes para a sua progressão e avanço. Estes incluem o estilo de vida, como o tabagismo, o consumo de álcool, a atividade física, a indústria e factores microbianos como a radiação, a poluição, a infeção e a dieta [63].

O cancro, conhecido como uma neoplasia maligna, é um tipo de doença em que uma classe de células apresenta uma proliferação anormal das células, invasão e, ocasionalmente, metástases [64].

São numerosos os agentes, como a exposição a agentes cancerígenos, o stress oxidativo, os vírus oncogénicos e a predisposição genética, que contribuem para o desenvolvimento do cancro [65].

O stress oxidativo é uma das principais causas da conversão de células normais em células cancerosas [66]. Os radicais livres podem ser gerados a partir de vias metabólicas dentro do corpo e também podem ser introduzidos a partir de fontes externas como medicamentos, alimentos, radiação UV e poluição ambiental [67]. Estes radicais livres atacam os ácidos gordos insaturados das biomembranas, resultando na peroxidação lipídica e causando também a dessaturação das proteínas e danos no ADN, o que provoca uma série de alterações perigosas nos sistemas biológicos [68]. Assim, os radicais livres podem conduzir a várias doenças, como o cancro [69].

As saponinas exibem a seletividade da sua ação sobre as células tumorais e normais do organismo, possuem também uma grande capacidade de repressão dos carcinogéneos e podem atuar de forma abrangente, o que lhes permite entrar em conflito com o processo de carcinogénese em diferentes etapas [70].

Há mais do que um tipo de saponina triterpenóide, como a avicina, o ácido betulínico, a diosgenina, o platicodonte e o ácido ursólico, que foram anunciados como tendo actividades anticancerígenas e anti-inflamatórias [71]. Os triterpenóides são extremamente multifuncionais e, por isso, são promissores como agentes no tratamento do cancro devido à sua capacidade de bloquear a ativação DO NF-κB induzida pelo TNF, induzir a apoptose e reprimir a proliferação, a invasão, as metástases e a angiogénese [71].

Foi demonstrado que as avicinas, que são saponinas triterpenóides que podem ser extraídas da Acacia victoriae, estimulam a modificação pós-tradução dependente de redox dos resíduos de cisteína para ajustar a função das proteínas, o que regula negativamente a atividade do STAT3 e a expressão das proteínas pró-sobrevivência reguladas pelo STAT3 e participa na indução da apoptose [72].

Verificou-se que as avicinas são fortes inibidores do TNF- que induzem o NF-κB e retardam a reunião da subunidade p65 do NF-κB no núcleo e também têm a capacidade de bloquear a ligação do NF-κB ao ADN. Além disso, o Celastrol, que é um triterpenóide natural, tem a capacidade de tratar o cancro através do aumento da morte das células do melanoma. Também inibe a proliferação celular em células de melanoma, aumenta os níveis de proteínas ubiquitinadas, reduz os níveis de fosforilação DE IκB induzida por TNF-α e bloqueia a translocação de NF-κB para o núcleo [73].

O celastrol pode inibir a fosforilação induzida por LPS das proteínas quinases activadas por mitogénio/quinases reguladas por sinal extracelular e a atividade de ligação ao ADN do NF-κB [74], e também pode reprimir a inflamação induzida pela ovalbumina, e remodelação de tecidos através da regulação do desequilíbrio da metaloproteinase de matriz 2 e 9 e do inibidor de tecido da metaloproteinase 1 e 2 por citocinas inflamatórias através de MAP quinases e NF-κB em células inflamatórias.

As saponinas podem afetar a proliferação das células cancerosas através do efeito nas vias de sinalização, por exemplo, a via dependente de PI3K/Akt. Os complexos proteicos PI3K/Akt levam à fosforilação de proteínas abundantes, que têm a capacidade de estimular a transição G1/S e a divisão celular. Sabe-se que as saponinas triterpenóides podem diminuir a expressão de Akt nas células do hepatoma humano, pelo que podem levar à inibição de PI3K/Akt [75] .

As saponinas também têm a capacidade de afetar a expressão de NFκB e JNK, que é activada pelo fator de necrose tumoral tipo α. NFκB e JNK afectam c-Jun, que está envolvido na saída celular da fase G1. A 1saponina tubo-imosida, que pode ser obtida a partir de Bolbostemma paniculatum, impede a expressão de TNF- e NFκB e ativa a expressão de JNK em células de hepatoma humano [76] .

As saponinas podem regular a proliferação celular através de uma ação direta sobre o citoesqueleto, que está implicado na formação do fuso mitótico e nos fenómenos associados ao movimento e responsáveis pela manutenção da forma da célula. Os microtúbulos são estruturas altamente dinâmicas e qualquer perturbação destes processos pode causar perturbações permanentes da divisão celular. Foi demonstrado que a platicodina, isolada da Platycodon grandiflorum, diminui a expressão da tubulina nas células leucémicas (THP-1, U397, K562). A Platy codin D tem também a capacidade de reagir com o citoesqueleto dos microtúbulos, levando à sua destruição de uma forma dependente do tempo e da concentração, pelo que pode inibir as divisões celulares [77]. Do mesmo modo, as saponinas extraídas da Ardisia crenata, ardisci-arispin A, B, podem desmontar os feixes de microtúbulos nas células Bel-7402 do hepatoma humano, responsáveis pela inibição da sua proliferação [**78**].

Atividade pró-apoptótica das saponinas

A apoptose, que é conhecida por morte celular programada, desempenha um papel notável em numerosos processos fisiológicos que ocorrem no corpo humano. A apoptose ajuda a manter a homeostase de muitos tecidos, regulando o equilíbrio através da proliferação celular e da hiperplasia dos tecidos [79]. O seu significado biológico assenta na eliminação de células não funcionais ou redundantes sem induzir respostas inflamatórias extensas e pode ser desencadeada por mecanismos intrínsecos e estímulos extrínsecos. A via interna da apoptose pode ser activada em todas as células do corpo por anomalias genéticas e outros danos, evocados por estímulos de stress: hipoxia, radicais livres, falta de adesão [80]. Por exemplo, a lesão prolongada do ADN nas células produz a regulação positiva do p53 que bloqueia a proliferação celular, em parte num p21/p27 e pode estimular o programa pró-apoptótico, através do linfoma-2 das células B, Bax (proteína X associada ao BCL2) e sinalização dependente de Bid [81]. Além disso, podem provocar a libertação de citocromos das membranas mitocondriais, que se combinam com o fator de ativação da protease da apoptose para formar o apoptossoma. Concomitantemente, a via externa de morte celular pode ser activada através das interações dos receptores de morte celular com os seus ligandos [82].

O sinal é então transduzido através de proteínas adaptadoras, como o domínio morto associado ao Fas. As vias intrínseca dependente do apoptossoma e extrínseca dependente do FADD concorrem frequentemente para a caspase 9, que é activada devido à presença do domínio C-terminal que está ligado ao domínio DD do recetor. O domínio terminal do domínio dos efectores mortos, por sua vez, ativa tanto a caspase 3 como a 7 [82].

A via dependente da caspase é considerada o mecanismo mais popular de apoptose, embora a sua versão independente da caspase também tenha sido descrita [83]. As células cancerosas são muito resistentes aos sinais pró-apoptóticos do que as suas correspondentes normais, pelo que as estratégias que dependem do material que aumentaria a sua sensibilidade a estes sinais são uma estratégia anti-cancro promissora [84]. Assim, foi descrito que as saponinas triterpenóides estão para além da atividade citostática, figura (13).

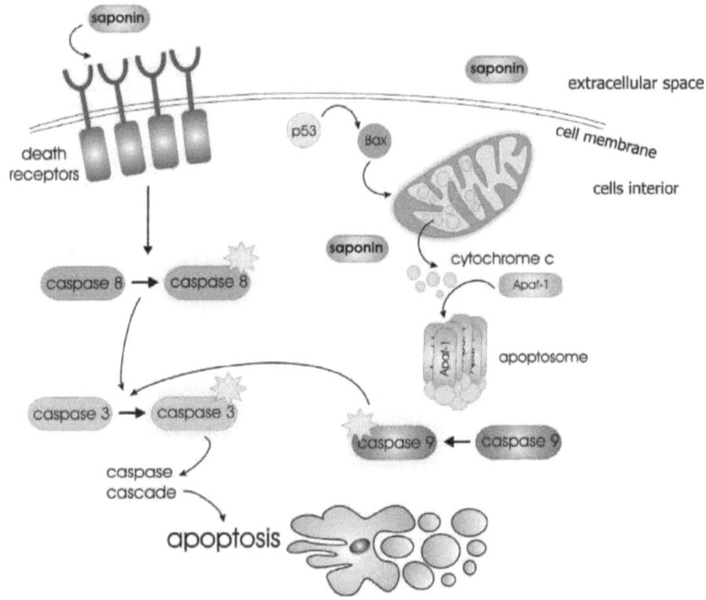

Figura (13). Mecanismos dos efeitos pró-apoptóticos das saponinas Koczurkiewicz [153].

Saponina e obesidade

A obesidade é um problema grave e um dos maiores problemas de saúde pública. Pode ser a causa de muitas doenças, como hipertensão, doenças cardiovasculares e diabetes no adulto [85]. Caracteriza-se por um crescimento excessivo do tecido adiposo. Atualmente, a obesidade é considerada uma das doenças metabólicas fatais. O aumento da ingestão de gordura é um dos elementos importantes associados ao aumento do peso corporal, que leva à obesidade e à maioria das suas complicações [86].

Há mais do que uma razão que pode levar à obesidade, como a falta de exercício, os estilos de vida sedentários e o consumo de dietas ricas em energia que contribuem para a etiologia da obesidade [87], o excesso de tecido adiposo, porque os adipócitos e os pré-adipócitos foram identificados como fontes de citocinas pró-inflamatórias que geram espécies reactivas de oxigénio [88].

Não se trata apenas de um problema de doença, mas também de moda e de regimes alimentares, uma vez que todas as pessoas, especialmente as mulheres, preferem ter um peso ideal para poderem usar todas as roupas que preferem e poderem deslocar-se facilmente para todo o lado.

Diferentes tipos de saponinas que foram isoladas de géneros alimentícios têm acções anti-obesidade [89]. Também se confirmou que tem a capacidade de reduzir o peso corporal e também os níveis de lípidos no soro [21,85].

A lipase pancreática é a lipase humana mais importante e está associada à hidrólise de 50-70% das gorduras totais da dieta.

Foi reconhecido que tanto os extractos ricos em saponinas como os compostos de saponinas purificadas inibem a atividade da lipase pancreática, modulam a adipogénese e o apetite [85].

Black [90] relatou que uma dieta rica em gordura pode reduzir as actividades da sacarase e da maltase intestinais, estimulando a secreção de protease pancreática. Por outro lado, a administração de saponinas pode evitar a redução da atividade destas enzimas, especialmente da enzima sacarose [91].

A perda de peso que resultou do extrato de sapogenina ou da diosgenina comercial, apesar de um consumo alimentar semelhante, pode ser indicativa de que os alimentos não foram transformados em aumento de peso e isto pode dever-se ao conceito da doença como uma situação de fome no meio da abundância [92].

As caraterísticas da saponina são não energéticas e não indispensáveis, tal como as vitaminas [**93**]. Além disso, a saponina tem a capacidade de suprimir o sabor doce e inibir a absorção de glucose [94]. Além disso, **Han** [91] referiu que os ratos alimentados com uma dieta rica em gorduras e tratados com saponina bruta numa dose de 30 g/kg, tinham uma maior excreção de gorduras nas fezes em comparação com os ratos alimentados apenas com a dieta rica em gorduras. Estes resultados propõem que as saponinas brutas minimizam a absorção intestinal da gordura da dieta através da inibição da atividade da lipase pancreática.

A redução da ingestão de alimentos pode ser atribuída à atividade supressora do apetite das saponinas, mediada pela expressão reduzida do neuropeptídeo Y hipotalâmico ou dos níveis séricos de leptina [95].

A diminuição do ganho de peso corporal e do peso dos órgãos viscerais foi atribuída às saponinas, que reduziram a absorção de lípidos no trato intestinal [96], e à redução da ingestão calórica efectiva. Estes resultados indicam que o etanol rico em saponinas tem propriedades hipofágicas e redutoras de peso. Estes resultados estão em harmonia com os dados obtidos por **Anil** [97].

As saponinas podem diminuir a absorção intestinal de lípidos através da precipitação do colesterol das micelas e da interferência na circulação entero-hepática dos ácidos biliares, tornando-os indisponíveis para a absorção intestinal de lípidos [96]. Assim, o extrato rico em saponinas de *A.aspera* é considerado um potente na prevenção da obesidade e do stress oxidativo em ratos alimentados com uma dieta rica em gordura, diminuindo a absorção intestinal de lípidos e aumentando a excreção fecal de lípidos [98].

Saponina e doença de alzheimer

A doença de Alzheimer (DA) é uma doença neurológica degenerativa dos tecidos cerebrais [99]. É conhecida como a forma mais comum de insanidade entre os habitantes idosos [100]. É reconhecida como uma falta de neurotransmissores nas células cerebrais devido ao aumento da atividade da acetilcolinesterase.

A ausência de ligações colinérgicas em várias partes do cérebro, como o neocórtex e o hipocampo, foi considerada a principal causa da doença de Alzheimer. Este facto realça a necessidade de utilizar um desafio considerável que ajuste o papel da acetilcolina esterase (AChE) para vencer esta falha [100].

Uma das novas estratégias para a terapia da DA consiste em promover a atividade colinérgica durante a via de repressão da AChE através da utilização de vários produtos naturais. No entanto, a principal função da AChE é transferir o impulso das células nervosas para fora da ligação colinérgica através da decomposição da acetilcolina [**101**]. Assim, o ponto principal da via de inibição da AChE é cortar o sinal nervoso durante o papel de transmissão da AChE.

SatheeshKumar [102] relatou que a saponina do feno-grego, nomeadamente os extractos de trigonelina, apresentaram uma atividade inibidora elevada da AChE, que é aumentada pelo aumento da presença de antioxidantes como saponinas na planta extraída [103]. A capacidade da saponina do feno-grego para bloquear a DA é atribuída ao aumento da atividade de inibição da AChE, que pode ser devida ao aumento das saponinas antioxidantes na erva [104]. A atividade do extrato de saponina de feno-grego na estimulação da apoptose pode ser atribuída ao seu efeito nas duas vias, incluindo a via apoptótica e a via do recetor de morte [105].

O aumento da apoptose pela saponina de feno-grego pode ser referido, no máximo, ao processo de organização da casapse-3, Bax e Bcl-2 na via apoptótica e não pela criação de espécies reactivas de oxigénio nas células cerebrais dos ratos induzidos pela DA [99].

Saponina e doença renal

O rim é um dos órgãos excretores do nosso corpo que desempenha um papel indispensável na excreção de resíduos através da urina no corpo humano. O início da doença renal é multifatorial, incluindo o stress oxidativo, a hipertensão, a hiperglicemia e a hiperlipidemia [106].

A doença renal crónica é um problema de saúde universal e é atualmente considerada uma das principais causas de morte no mundo [107].

A Organização Mundial de Saúde estima que, em 2005, ocorreram cerca de 58 milhões de mortes em todo o mundo, sendo 35 milhões atribuídas a doenças crónicas [108]. A doença renal crónica causa muitas complicações, como anemia, pericardite ou doença cardiovascular [109].

Os produtos finais de glicação avançada (AGEs) que se acumulam nos rins de pessoas com insuficiência renal crónica são responsáveis pelas alterações patológicas, pelo aumento abrangente do peso dos rins, pela hipertrofia glomerular, pelo espessamento da membrana basal glomerular e pela albuminúria progressiva [110]. Os AGEs activam os mecanismos dos radicais livres e estimulam a peroxidação das membranas, o que aumenta a permeabilidade das mesmas [111].

Subsequentemente, a acumulação de AGE no rim tem sido considerada como um índice de lesão renal progressiva na nefropatia diabética. Mutuamente, o stress oxidativo é conhecido por estimular os AGE. A proteína quinase C e a proteína quinase activada por mitogénio e as quinases reguladas por sinal extracelular 1 e 2 podem ser estimuladas através de espécies reactivas de oxigénio e sinalizar respostas profibróticas nas células renais [112].

A fase terminal da doença renal é gerida por diálise, transplante renal ou cuidados de apoio no fim da vida. Assim, abordagens alternativas diminuiriam o valor da diálise, da terapia medicamentosa e dos transplantes renais (109).

A saponina é um dos produtos naturais que têm uma diversidade de efeitos farmacêuticos que variam muito em tipos e intensidades, dependendo das suas estruturas [113].

A saponina de ginseng do sol reduziu com segurança os níveis de azoto ureico e de creatinina no soro, por outro lado, aumentou a excreção de azoto ureico na urina e de creatinina, sugerindo uma melhoria da função renal. A saponina de ginseng do sol também evitou a hipertrofia e o edema dos rins induzidos pela adenina. A saponina de ginseng do sol diminui a atividade sérica da transaminase glutâmico-oxaloacética, da transaminase glutâmico-pirúvica e da desidrogenase láctica, que aumentam com a adenina. De acordo com estes resultados, o efeito reparador do ginseng do sol na insuficiência renal crónica pode resultar do seu teor de saponina [114].

Num estudo realizado por Kang [115], eles relataram que o Ginsenosídeo Rg1 numa dose variada de 20 a 50 mg/kg tem a capacidade de minimizar a lesão renal com a melhoria da construção glomerular em ratos hipertensos e também pode suprimir a fibrose intersticial renal nos ratos que sofrem de obstrução ureteral unilateral, através da supressão do stress oxidativo [116,117]. Além disso, Zhang [118] afirmou que a saponina Ginsenoside Rb1 numa gama de doses de 25 - 60 mg/kg tem a capacidade de melhorar a disfunção renal na insuficiência renal aguda induzida por glicerol em ratos, e também pode aliviar a lesão renal aguda induzida pela reperfusão de isquemia através da ativação da via Nrf2/ARE [119]. Também. A saponina Ginsenoside Rb1 numa dose de 12,5 - 50 mg/kg também inibiu a fibrose intersticial renal com obstrução ureteral unilateral através da modulação da trombospondina-1 e da expressão do fator de crescimento endotelial vascular [116]. Além disso, a saponina ginsenósida Rd numa dose de 5 mg/kg pode melhorar a disfunção renal através do bloqueio do stress oxidativo na insuficiência renal aguda induzida pela cisplatina ou cefaloridina e na reperfusão isquémica em ratos [120].

Saponina e doença hepática

O fígado é o maior órgão do nosso corpo e tem numerosas funções, como o armazenamento de glicogénio, a decomposição dos glóbulos vermelhos, a síntese de proteínas plasmáticas, a produção de hormonas e a excreção de resíduos, estando extremamente exposto a numerosos compostos tóxicos, devido ao seu metabolismo único, o fígado tem a capacidade de eliminar a toxicidade dos medicamentos, dos xenobióticos e do stress oxidativo, uma vez que está ligado ao trato gastrointestinal, o que faz com que o fígado tenha um objetivo significativo na remoção de substâncias tóxicas [121].

Aproximadamente todos os agentes injectados passam primeiro pelo fígado, antes de entrarem na circulação geral [122]. A lesão hepática pode ser assegurada pelas alterações das actividades das enzimas hepáticas no soro ou no plasma, devido ao aumento ou à diminuição da sua síntese, que são libertadas pelas células danificadas e pelo tecido extra-hepático [123].

A fibrose hepática é uma das doenças do fígado que ocorre quando há uma acumulação excessiva de matriz extracelular, que pode ser causada por um desequilíbrio entre o excesso de síntese de componentes fibrilares, incluindo colagénio I, colagénio III e fibronectina [124,125]. As células de Kupffer libertam mediadores inflamatórios e radicais livres [126] para causar stress oxidativo e fibrogénese hepática [127], com mortalidade significativa [128].

As saponinas de Astragalus têm a capacidade de suprimir a formação de peróxidos lipídicos no fígado. As saponinas totais de Astragalus membranaceous podem prevenir com segurança a peroxidação lipídica da membrana, que é criada por superóxido, peróxido de hidrogénio e raios UV [129].

Dong [130] concluiu que as saponinas totais que foram extraídas de Rosa laevigata Michx foram eficazes na atenuação da fibrose hepática induzida por tetracloreto de carbono em ratos através da modulação do processo inflamatório e do stress oxidativo, regulando as vias de sinalização TGF-p/Smad, FAK-PI3K-Akt-p70S6K e proteína quinase activada por mitogénio para conter a ativação das células estreladas hepáticas e diminuir a produção de matriz extracelular. Este extrato natural poderia ser desenvolvido como um produto alimentar e de saúde eficaz para a prevenção da fibrose hepática no futuro.Saponina e epilepsia

A epilepsia é uma doença neurológica grave que afecta cerca de 50 milhões de pessoas em todo o mundo [131].

A morte das células neuronais pode ser tanto uma causa como uma consequência das crises epilépticas. As crises resultam em rearranjos estruturais que podem contribuir para um estado de hiperexcitabilidade ao longo da vida [132].

As saponinas foram estabelecidas para reagir com todos os processos patológicos implicados na epilepsia. As saponinas exibiram efeitos agonistas GABAérgicos [133], antagonistas glutamatérgicos [134], agonistas glicinérgicos [135], Ca^{2+} [136] e bloqueio do canal Na^{+} [137].

As saponinas que foram isoladas do ginseng e de outras espécies de Ficus provocam um bloqueio dos canais de Na+ dependentes da voltagem, diminuindo assim a excitação neuronal [137]. Além disso, causam uma inibição das descargas epilépticas mediadas pelo recetor N-metil-D-aspartato (NMDA) em neurónios do hipocampo em cultura [138]. Estas saponinas também aumentaram o ácido gama-aminobutírico (GABA), que mediou a corrente de pico interna em oócitos de Xenopus [133].

O ginsenosídeo Rb3 demonstrou o papel neuroprotector dos neurónios do hipocampo, através da facilitação da desativação dependente de Ca2+ dos receptores NMDA através do local modulador da glicina em neurónios do hipocampo cultivados em ratos [134, 135]. No entanto, verificou-se que o SRF era ineficaz na supressão das convulsões induzidas pela estricnina, indicando assim a falta de eficácia da interação direta com a via glicinérgica.

Sabe-se que as saponinas Panaxatriol, que são os principais constituintes extraídos do Panax notoginseng, têm uma ação inibidora sobre os canais de Ca2+ dependentes da voltagem, o que leva ao encurtamento do seu tempo de abertura, ao prolongamento do tempo de fecho e à constrição das suas probabilidades de estado aberto [136], o que levou a propor que o efeito das saponinas fosse um antagonista dos canais de Ca2+ [139].

A fração rica em saponina do extrato de Ficus religiosa (SRF) apresentou proteção nos testes BAY k-8644 e veratridina, que actuam através da ativação dos canais de Ca2+ e Na+ dependentes da voltagem, respetivamente, no entanto, foi considerada ineficaz contra convulsões induzidas por NMDA [140].

A eficácia do SRF no bloqueio dos canais iónicos dependentes de voltagem e a ineficácia nos canais Na^{+} e Ca^{2+} dependentes de ligandos. Desde então, a veratridina funciona através da despolarização das células excitáveis, proibindo assim a inativação dos canais Na^{+} , o que leva a um aumento do influxo de Na+ e Ca2+ [141], o SRF mostrou a sua ação anticonvulsiva através da alteração das funções dos canais GABAérgicos, Na^{+} e Ca^{2+} . O impacto do SRF nos testes BAY k-8644 e veratridina indicou os seus efeitos inibitórios dos canais de Na^{+} e Ca^{2+} activados por voltagem [142].

Saponina e antimicrobiano

O trato gastrointestinal parece ser um ecossistema adequado para os agentes patogénicos bacterianos entéricos, o que pode dever-se à natureza mucosa e à presença de macro e micronutrientes no revestimento das células epiteliais. Existem muitas espécies de bactérias envolvidas em doenças gastrointestinais, a família Enterobacteriaceae, como Clostridium difficile, que resulta em diarreia grave, Salmonella enteric, que se caracteriza por todas as estirpes causarem uma doença e algumas delas causarem febre tifoide e febre paratifoide, Helicobacter pylori, a única bactéria capaz de viver no estômago e que pode levar a complicações graves, Campylobacter jejuni e Campylobacter coli são as principais causas de gastroenterite humana [143].

As bactérias podem ser resistentes a numerosos antibióticos. Por conseguinte, são necessários novos compostos antimicrobianos. As plantas e alguns dos animais marinhos são considerados a maior fonte de obtenção de novos agentes antimicrobianos [144]. Muitas das plantas têm actividades antimicrobianas contra alguns microrganismos patogénicos que estão envolvidos em infecções entéricas [143].

As saponinas podem atuar alterando a permeabilidade das paredes celulares e, por conseguinte, exercer toxicidade em todos os tecidos organizados. Exercem alguma atividade antibacteriana ao combinarem-se com as membranas celulares para provocar alterações na morfologia celular que levam à lise celular [145].

A alteração da fermentação ruminal através de compostos de saponinas é mediada por um efeito direto sobre a composição e as actividades dos protozoários, bactérias, fungos e archaea do rúmen. O modo público de ação das saponinas nos microrganismos é a sua interação com a porção de esterol [146], que existe na membrana dos protozoários [147]. Por conseguinte, a atividade antiprotozoária das saponinas pode dever-se à destruição das membranas celulares dos protozoários, o que provoca a fuga do conteúdo celular. Estima-se que as principais estrelas presentes nos entodiniomorfos são o estigmastanol, o campestanol e o colesterol, enquanto o principal esterol nos holotricos é o colesterol [148]. Os vários componentes do stress nos protozoários do rúmen podem estar relacionados com a diferente sensibilidade dos protozoários às saponinas.

Alguns dos compostos do extrato de saponina têm propriedades antibacterianas e anticandidais que podem ser utilizadas como agentes antimicrobianos em novos medicamentos para a terapia de doenças infecciosas [149].

Toxicidade induzida por saponina

Alguns dos compostos de saponinas foram considerados extremamente tóxicos. A toxicidade farmacológica que resulta das saponinas inclui gastroenterite, deterioração celular e modificação da permeabilidade dos tecidos e causa uma irritação das membranas mucosas [150].

Os fármacos derivados de plantas medicinais ou de animais marinhos têm sido caracterizados pela sua capacidade de simplificar a estabilidade das membranas biológicas quando expostas a lise induzida [151].

O perfil de estabilização da membrana das saponinas apresentou um modo bifásico de estabilidade. Observou-se que a saponina protege os glóbulos vermelhos apenas a uma concentração mais baixa, mas não exerce qualquer forma de proteção a uma concentração elevada [152].

Os sintomas de toxicidade da saponina manifestados pelos animais durante um estudo de toxicidade aguda da mistura de saponina incluem inquietação, congelamento, contorção, movimentos espasmódicos dos membros durante a locomoção, respiração acelerada e convulsão, que podem resultar em morte [152].

Conclusão

As saponinas são um dos produtos naturais mais impotentes. As saponinas são sintetizadas biologicamente por unidades de isopreno C5 através da via do mevalonato. Possuem uma variedade de actividades biológicas, podem diminuir o nível sérico de glicose no sangue em pacientes diabéticos, diminuindo o mau colesterol, o triacilglicerol sérico e têm atividade antitumoral. Além disso, podem ser utilizadas em algumas bebidas, como a cerveja, e no detergente. Assim, as saponinas foram introduzidas em numerosas acções farmacológicas.

Referências

[1]Van Dyck S, Gerbaux P, Flammang P (2010) Conteúdo qualitativo e quantitativo de saponinas em cinco pepinos-do-mar do oceano Índico. *Marine drugs,* 8(1), pp.173-89.

[2]Li R, Zhou Y, Wu Z, Ding L (2006) ESI-QqTOFMS/MS e APCI-IT-MS/MS analysis of steroid saponins from the rhizomes of Dioscorea panthaica. Journal of Mass Spectrometry 41:1-22.

[3]Moghimipour E, Kooshapour H, Parkhideh S, Handali S (2015) Avaliação in vitro da afinidade de formação de complexos de saponinas totais extraídas de Ziziphus spina-christi e Quillaja saponaria com colesterol, RJPBCS 6, 619-624.

[4]Sparg SG, Light ME, Van Staden J (2004) Biological activities and distribution of plant saponins. Ethnopharmacology 94: 219-243.

[5]Das TK, Banerjee D, Chakraborty D, Pakhira MC, Shrivastava B, Kuhad RC (2012) Saponin: role in animal system. Vet. World. 5(4):248-54.

[6]Geetha T S, Geetha N (2014) Rastreio Fitoquímico, Análise Quantitativa de Metabolitos Primários e Secundários de Cymbopogan citratus (DC) stapf. folhas das colinas de Kodaikanal, Tamilnadu. Int.J.PharmTech Res. 6(2) pp 521-529.

[7]Varma N (2016) Phytoconstituents and Their Mode of Extractions: Uma visão geral. Res J. Chem. Environ. Sci. Vol 4 (2): 08-15.

[8]Chandewar AV, Dhongade HJ (2013) Estudos farmacognósticos e fitoquímicos das folhas de Phyllanthus amarus. IJBAR.04 (06).

[9]Glanert A M, Dtngle JT, Lucy JA (1962) Action of saponin on biological cell membrane.Nature 196:. 953-955.

[10] Soltani M, Baharara J (2014) Capacidade antioxidante e antiproliferativa do extrato de diclorometano do pepino-do-mar *Holoturia leucospilota.* IJCMB. 2014; 1-9.

[11] Lasztity R, Hidvegi M, Bata A (1998) Saponins in food. Food ReV.Int. 14, 371-390.

[12] Güglü-Üstündag Ö, Mazza G (2007) Saponins: Properties, applications and processing. Cr. Rev. Food Sci. Nutr. 47, 231-258.

[13] Sharma OP, Kumar N, Singh B, Bhat TK (2012): Um método melhorado para a análise cromatográfica em camada fina de saponinas. Food Chem.;132(1):671-4.

[14] Karimi, E., Jaafar, H.Z.E., Ahmad, S. (2011) : Análise fitoquímica e actividades antimicrobianas de extractos metanólicos de folhas, caule e raiz de diferentes variedades de Labisia pumila Benth. *Molecules.* 16, 4438-4450.

[15] Augustin JM, Kuzina V, Andersen SB, Bak S (2011) Actividades moleculares, biossíntese e

evolução de saponinas triterpenóides. Phytochemistry, 72(6), pp.435-57.

[16] Francis G, Kerem Z, Makkar H PS, Baker K (2002) The Biological action of saponins in animals systems :a review .British Journal of Nutrition, 88(6),587-605.

[17] Matsuura H,2001 Saponins in Garlic as modifiers of the risk of Cardiovascular Disease. *J. Nutr.* 131: 1000S-1005S.

[18] Vincken JP, Heng L, deGroot A, Gruppen H (2007) Saponins, classification and occurrence in the plant kingdom. *Phytochemistry* 68(3), pp.275-297.

[19] Flores-Sanchez IJ, 2002 Biossíntese de Esteróis e Triterpenos em Culturas de Suspensão Celular de Uncaria tomentosa. *Fisiologia Celular e Vegetal,* 43(12), pp.1502-1509.

[20] Hu X, Wang Y, Wang J, Xue Y, Li Z, Nagao K, Yanagita T, Xue, C (2010) As saponinas dietéticas do pepino-do-mar aliviam o fígado gordo induzido pelo ácido orótico em ratos através da sinalização PPARa e SREBP-1c. Lipids Health Dis. 9, 25.

[21] El Barky AR, Hussein SA, Alm-Eldeen AA, Hafez Y., Mohamed TM (2016) Atividade antidiabética da saponina de Holothuria thomasi. Biomed. Pharmacother. 84, 1472-1487.

[22] Silchenko AS, Avilov SA, Kalinin VI, Kalinovsky AI, Dmitrenok PS, Fedorov SN (2008) Constituintes do pepino-do-mar Cucumaria okhotensis. Estruturas de Okhotosides B1-B3 e Actividades Citotóxicas de Alguns Glicosídeos desta Espécie. J Nat Prod. 71(3):351-6.

[23] Negi JS, Negi PS, Pant GJ, Rawat MSM, Negi SK (2013) Saponinas de ocorrência natural: Química e biologia. Journal of Poisonous and Medicinal Plant Research Vol. 1(1), pp. 001-006.

[24] Ochekwu EB, Ekeke C, Nwadiaro Pat O, Christopher S (2015) Avaliação Fitoquímica de Folhas de algumas Plantas Medicinais de Partes do Delta do Níger. IOSR-JPBS. Volume 10, Edição 2 Ver. II, PP 26-31.

[25] Devmurari VP (2010) Estudo de rastreio fitoquímico e avaliação antibacteriana de Symplocos racemosa Roxb. Arch. Appl. Sci. Res., 2 (1)354-359.

[26] Edeoga HO, Okmu DE, Mbaebie BO (2005) Constituintes fitoquímicos de algumas plantas medicinais nigerianas. Afr. J. Biotechnol. 4(7): 685-688.

[27] Harini K, JerlinShowmya J, Geetha N (2014) Constituintes fitoquímicos de diferentes extractos das folhas de Chromolaenaodorata (L.) King e Robinson. Vol.2 Issue. 12, pg. 13-20.

[28] Majumdar M (2005) Avaliação das folhas de Tectona grandis para a atividade de cicatrização de feridas. Tese de mestrado, Faculdade de Farmácia, Universidade Rajiv Gandhi de Ciências da Saúde, Karnataka, Bangalore.

[29] Nair VM, Roopalatha UC (2013) phytochemical analysis of successive reextracts of the leaves

of moringa oleífera lam. int j pharm pharm sci, vol 5, suppl 3, 629-634.

[30] Hiai S, Oura H, Nakajima T (1976) Reação de cor de algumas sapogeninas e saponinas com vanilina e ácido sulfúrico. Planta Medica 29, 116-122.

[31] DuBois M, Gilles K, Hamilton J, Rebers P, Smith F (1956) Colorimetric methodfor determination of sugars and related substances. Analytical Chemistry, 28(3), 350-356.

[32] Amini E, Nabiuni M, Baharara J, Kazem Parivar K, Asili J (2014) Efeitos hemolíticos e citotóxicos de compostos semelhantes a saponinas isolados da estrela quebradiça do Golfo Pérsico (Ophiocoma erinaceus). Jornal de Medicina da Vida Costeira; 2(10): 762-768.

[33] Bano N (1985) Phytochemical studies on saponins and sapogenins of Guaiacum officinale, Tese, Universidade de Karachi, Paquistão.

[34] Medeiros JR, Medeiros H, Mascarenhas C, Davin LB, Lewis NG (2002) Componentes bioactivos da hedera helix. Ciências 19A: 27-32.

[35] Patar A, Mohsin S, Jamalullail SS, Jaafar H, Abdullah JM (2012) O efeito do extrato de água do pepino-do-mar Stichopus variegatus nas linhas celulares de astrócitos da coluna vertebral de ratos. Curr. Neurobiol. 3 (1), 11-16.

[36] Sottorff I, Aballay A, Hernández V, Roa L, Muñoz LX, Silva M (2013) Caracterização de moléculas bioativas isoladas do pepino-do-mar Athyonidium chilensis. Rev biol mar oceanogr. 48(1):23-35.

[37] Caulier G, van Dyck S, Gerbaux P, Eeckhaut I, Flammang P (2011) Revisão da diversidade de saponinas em pepinos-do-mar pertencentes à família Holothuridae. SPC Beche-de-mer Inf. Bull. 31,48-54.

[38] Sun HX, Xie Y, Ye YP (2009) Avanços nos adjuvantes à base de saponina. *Vaccine.* 27(12):1787-1796.

[39] Hostettmann K, Marston A (1995) Saponins. Vol 1. 1st ed. Cambridge: Cambridge University Press.

[40] Bachran C, Bachran S, Sutherland M, Bachran D, Fuchs H (2008) Saponinas na terapia de tumores. Mini Rev Med Chem.;8(6):575-584.

[41] William JB, Iqbala MJ, Bollaerta M, Chickrisa N, Jamesa B, Higginbothama DA, MurphyL (2007) Ginseng modifica o fenótipo diabético e os genes associados à diabetes no homem, *Phytomedicine* 14, pp. 681-689.

[42] Romero-Gonzalez, J, Peralta-Videa JR, Rodríguez E, Delgado M, Gardea-Torresdey JL (2006) Potential of *Agave lechuguilla* biomass for Cr(III) removal from aqueous solutions: Thermodynamic studies, *Bioresour. Technol* 97, pp. 178-182.

[43] Kilic E, Font J, Puig R, Olak SC, Elik DC (2010) Chromium recovery from tannery sludge with saponin and oxidative remediation, *J. Hazard. Mater.* 185, pp. 456-462.

[44] Elekofehinti OO, Adanlawo IG, Fakoya A (2012) *Solanum anguivi* saponins inhibit basal erythropoiesis in *Rattus novergicus.* Asian J Pharm Health Sci. 2: 416-419.

[45] Cheeke PR (2001) Atual and potential applications of Yucca schidigera and Quillaja saponaria saponins in human and animal nutrition. Animal Nutrition in Australia, Volume 13 (2001), 115-126.

[46] El Barky AR, Hussein SA , Alm-Eldeen AA, Hafez YA, Mohamed TM. Saponinas e o seu papel potencial na Diabetes Mellitus. Diabetes Manag. 2017;7: 148-158.

[47] El Barky AR, Ali EMM e Mohamed TM. Saponinas de pepino do mar marinho e diabetes. Austin Pancreat Disord - Volume 1 Edição 1 - 2017.01-07.

[48] Ebrahimi E, Shirali S, Talaei R. O efeito protetor do extrato hidroalcoólico de calêndula em ratos diabéticos induzidos por STZ: Avaliação de Biomarcadores Cardíacos e Pancreáticos no Soro. J. Bot. 2016 (2016).

[49] Xi Y, Bu S. Terapia com células estaminais na Diabetes Mellitus. *J. Stem. Cell. Res. Ther.* 4, 1- 6 (2014).

[50] Deavall DG, Elizabeth AM, Judith MH et al. Drug-induced oxidative stress and toxicity. J.Toxicol. 2012: 1-13 (2012).

[51] Villeneuve LM, Natarajan R. The role of epigenetics in the pathology of diabetic complications (O papel da epigenética na patologia das complicações diabéticas). *Am. J. Physiol. Renal. Physiol.* 299(1), F14-F25 (2010).

[52] Sottorff I, Aballay A, Hernández V, Roa L, Muñoz LX, Silva M. Caracterização de moléculas bioativas isoladas do pepino-do-mar Athyonidium chilensis. Rev biol mar oceanogr. 2013; 48: 23-35.

[53] Smith AYR, Adanlawo IG. Efeito hipoglicémico da saponina da raiz de *Garcinia kola* (kola amarga) em ratos diabéticos induzidos por aloxana. *JDDT.* 2(6), 9-12 (2012).

[54] Abdel-Zaher AO, Salim, SY, Assaf MH *et al.* Atividade antidiabética e toxicidade das folhas de Zizyphus spina-christi. *J. Ethnopharmacol.* 101(1-3), 129138 (2005).

[55] Platel K, Srinivasan K. Plant foods in the management of diabetes mellitus: Os vegetais como potenciais agentes hipoglicémicos. *Nahrung.* 41(2), 6874 (1997).

[56] Altinterim B. Melão amargo *(Momordica charantia)* e os efeitos da doença da diabetes. *Ziraat Fakültesi Dergisi, Uludag -niversitesi.* 26(2), 65-69 (2012).

[57] Richard K, "Primary prevention of coronary heart disease: integration of new data, evolving

views, revised goals, and role of rosuvastatin in management. A comprehensive survey," Drug Design, Development and Therapy, vol. 5, pp. 325-380, 2011.

[58] Palojoki E, Saraste A., Eriksson A. Cardiomyocyte apoptosis and ventricular remodeling after myocardial infarction in rats. The American Journal of Physiology-Heart and Circulatory Physiology, vol. 280, no. 6, pp. H2726-H2731, 2001.

[59] Giordano FJ. Oxygen, oxidative stress, hypoxia, and heart failure, Journal of Clinical Investigation, vol. 115, no. 3, pp. 500-508, 2005.

[60] Yang X., Xiong X., Wang H., Wang J. Efeitos protectores das saponinas de Panax Notoginseng nas doenças cardiovasculares: Uma Visão Geral Abrangente de Estudos Experimentais. Volume 2014 (2014), 13 páginas.

[61] **Elekofehinti OO, Adanlawo IG, 1Saliu JA, Sodehinde SA.** Saponinas de frutos de Solanum anguivi exibem potencial hipolipidémico em Rattusnovergicus. Der Pharmacia Lettre, 4 (3):811-814 **(2012)**.

[62] **Saleem MMN, Mohammad AAW, Al-Tameemi JA, Sulaiman GM.** Estudo biológico do efeito do extrato de raízes de alcaçuz no perfil lipídico sérico, nas enzimas hepáticas e nos testes de função renal em ratos albinos. Revista Africana de Biotecnologia Vol. 10(59), pp. 12702-12706 **(2011)**.

[63] Ruiz R, Hernández P. Dieta e cancro: factores de risco e evidências epidemiológicas. *Maturitas* **77**: 202-208 (2014).

[64] **Haldar PK, Kar B, Bala A, Bhattacharya S, Mazumder UK.** Atividade antitumoral do rizoma *de Sansevieria roxburghiana* contra o carcinoma de ascite de Ehrlich em ratos. *Pharmaceutic. Biol.* 48(12): 1337-1343**(2010)**.

[65] **Weinberg R.** The biology of cancer, 1ª edição. Nova Iorque: Gerland. Science: 850 **(2006)**.

[66] **Rajkumar V, Guha G, Kumar RA.** Actividades antioxidantes e antineoplásicas do extrato de *Picrorhiza Kurroa. Food. Chem. Toxicol.* 49(2): 363-369 **(2011)**.

[67] **Wani SA, Kumar P.** Antioxidantes e as suas propriedades afectadas pelo processo de extrusão. *Food. Nutr. Agric.* 7(2): 108 114 **(2015)**.

[68] **Moukette B, Piemo CA, Nyablapa PC, Ngogang JY.** Actividades antioxidantes e anti-lipoperoxidativas *in vitro* de extractos de casca de *Xylopiaaethiopica* contra a toxicidade mediada por iões em homogenatos de fígado. *Complement Integr. Med.* 12(3): 195-204 **(2015)**.

[69] **Anagnostopoulou MA, Kefalas P, Papageorgiou VP, Assimopoulou AN, Boskou D.** (Atividade de eliminação de radicais de vários extractos e fracções de casca de laranja doce (*Citrus Sinensis*). *Food. Chem.* 94(1): 19-25 **(2006)**

[70] Mu LH, Huang XW, Guo DH, Dong XZ, Liu P. Uma nova saponina triterpenóide de *Ardisia gigantifolia*. *J Asian Nat Prod Res* **15**: 1123-1129 (2013).

[71] **Yadav VR, Prasad S, Sung B, Kannappan R, Aggarwal BB. Visando vias inflamatórias por Triterpenoids para prevenção e tratamento do cancro.** *Toxins* **2010**, *2,* 2428-2466.

[72] Haridas V, Kim SO, Nishimura G, Hausladen A, Stamler JS, Gutterman JU. Avicinylation (thioesterification): a protein modification that can regulate the response to oxidative and nitrosative stress. *Proc. Natl. Acad. Sci. USA* **2005**, *102,* 10088-10093.

[73] Haridas V, Arntzen C.J, Gutterman JU. As avicinas, uma família de saponinas triterpenóides da Acacia victoriae (Bentham), inibem a ativação do fator nuclear KappaB através da inibição da sua localização nuclear e da sua capacidade de se ligar ao ADN. *ProcNa tl. Aca d. Sci. USA* 2001, *98,* 11557-11562.

[74] Jung HW, Chung YS, Kim YS, Park YK. Celastrol inibe a produção de óxido nítrico e citocinas pró-inflamatórias através da transdução de sinal MAPK e NF-kappaB em células microgliais BV-2 estimuladas por LPS. *Exp. Mol. Med.* **2007**, *39,* 715-721.

[75] Qin H, Du X, Zhang Y, Wang R. Platycodin D, uma saponina triterpenóide de *Platycodon grandiflorum,* induz a paragem G2/M e a apoptose nas células HepG2 do hepatoma humano através da modulação da via PI3K/Akt. *Tumour Biol* **35**: 1267-1274 (2014).

[76] Yin Y, Chen W, Tang C, Ding H, Jang J, Weng M, Cai Y, Zou G. As vias NF-κB, JNK e p53 estão envolvidas na apoptose induzida por tubeimosida 1 em células HepG2 com stress oxidativo e paragem do ciclo celular G/M. *Food Chem Toxicol* **12**: 3046-3054 (2011).

[77] Kim MO, Moon DO, Choi YH, Lee JD, Kim ND, Kim GY. A platicodina D induz a paragem mitótica in vitro, levando à endoreduplicação, inibição da proliferação e apoptose em células de leucemia. Int J Cancer 122: 2674-2681 (2008).

[78] Li M, Wei SY, Xu B, Guo W, Liu DL, Cui JR, Yao XS. Efeitos pró-apoptóticos e de desmontagem de microtúbulos de ardisiacrispin (A+B), saponinas triterpenóides de Ardisia crenata em células de hepatoma humano Bel-7402. *J Asian Nat Prod Res* **10**: 739-446 (2008).

[79] Bailon-Moscoso N, Romero-Benavides JC, Ostrosky-Wegman P. Desenvolvimento de fármacos anticancerígenos com base nas caraterísticas das células tumorais. *Tumour Biol* **35**: 3981-3995 (2014).

[80] Fulda S. Targeting extrinsic apoptosis in cancer: Challenges and opportunities. *Semin Cell Dev Biol* **39**: 20-25 (2015).

[81] Sinha K, Das J, Pal PB, Sil PC. Stress oxidativo: as vias de apoptose dependentes e independentes das mitocôndrias. *Arch Toxicol* **87**: 1157-1180 (2013).

[82] Hassan M, Watari H, Almaaty AA, Ohba Y, Sakuragi N. Apoptose e terapia de alvo molecular no cancro. *BioMed Research International* **2014**: 150845 (2014).

[83] Kim R, Emi M, Tanabe K. Caspase-dependent and -independent cell death pathways after DNA damage (Review). *Oncol Rep* **14**: 595-599 (2005).

[84] Fulda S. Shifting the balance of mitochondrial apoptosis: therapeutic perspectives. *Front Oncol* **8**: 121-128 (2012).

[85] Marrelli M, Conforti F, Araniti F, Statti GA. Efeitos das Saponinas no Metabolismo dos Lípidos: Uma revisão dos potenciais benefícios para a saúde no tratamento da obesidade. 21, 1404 (2016).

[86] Dande PR. Avaliação de saponinas naturais quanto ao seu papel na obesidade. conferences/pharmacognosy-phytochemistry-natural-products (2013).

[87] Ekanem AP, Wang M, Simon JE, Moreno DA. Propriedades antiobesidade de duas plantas africanas (Afromomum meleguetta e Spilanthes acmella) através da inibição da lipase pancreática. Phytother. Res. 2007;21:1253-1255.

[88] Fonseca-Alaniz MH, Takada J, Alonso-Vale MI, Lima FB. O tecido adiposo como órgão endócrino: Da teoria à prática. J. Pediatr. 2007;83:S192-S203.

[89] Han, LK, Kimura Y, Kawashima M, Takaku T, Taniyama T, Hayashi T, Zheng YN, Okuda H. Efeitos anti-obesidade em roedores da saponina do chá dietético, um inibidor da lipase. Int. J. Obes. 25: 1459-1464 (2001).

[90] Black BL, Croom J, Eisen EJ, Petro A E, Edwards CL, Surwit RS. Differential effects of fat and sucrose on body composition in A/J and C57BL/6 mice. Metabolism 47: 1354-1359 (1998).

[91] Han LK, Zheng YN, Xu BJ, Okuda H, Kimura Y. Saponinas de Platycodi Radix melhoram a obesidade induzida por dieta rica em gordura em ratos. J. Nutr. 132: 2241-2245(2002).

[92] McAnuff MA, Omoruyi FO, AMorrison EY, Asemota HN. Alterações em algumas enzimas hepáticas em ratos diabéticos induzidos por estreptozotocina alimentados com extrato de sapogenina de inhame amargo (Dioscoreapolygonoides) ou Diosgenina comercial. West Indian Med J; 54 (2): 97 **(2005)**.

[93] Manach C, Morand C, Demigne' C, Texier O, Re'ge'rat F., Re'me'sy C. Bioavalability of rutin and quercetin in rats. FEBS Lett 409:12-16 (1997).

[94] Ueno G. Aplicações de extractos *de Gymnema sylvestre* em alimentos. Shokuhin to Kagaku 1997-1: 100-103 (1997).

[95] Kim JH, Hahm DH, Yang DC, Kim JH, Lee HJ, Shim I. Efeito da saponina bruta do ginseng vermelho coreano na obesidade induzida por uma dieta rica em gordura no rato. J. Pharmacol. Sci.

2005;97:124-131.

[96] Oakenfull DG, Sidhu GS. Poderão as saponinas ser um tratamento útil para a hipercolesterolemia? Eur J Clin Pharmacol.1990 ; 44 :79-88.

[97] Anil M, Mahesh CS. Avaliação de certas plantas medicinais relativamente às propriedades antiobesidade. Ind J Trad Know. 2009;8:602-605.

[98] Pushpalatha B, Reddy ID, Reddy NV, Venkateswarlu N, Vijaya T. O extrato de saponina de *achyranthes aspera* previne a obesidade e o stress oxidativo em ratos wistar machos alimentados com uma dieta rica em gordura. Jornal Mundial de Investigação Farmacêutica Volume 3, Edição 1, 1107-1120 (2014).

[99] Khalil WKB, Roshdy HR, Kassem SM. O potencial papel terapêutico da saponina de feno-grego contra a doença de Alzheimer: Avaliação das actividades apoptóticas e inibidoras da acetilcolinesterase. Jornal de Ciências Farmacêuticas Aplicadas Vol. 6 (09), pp. 166-173 (2016).

[100] Kim JK, Bae H, Kim MJ, Choi SJ, Cho HY, Hwang HJ. Efeito inibitório do trifoliato de poncírus na acetilcolinesterase e atividade atenuante contra a aprendizagem induzida pelo trimetilestanho e a deficiência de memória. Biosci Biotechnol Biochem, 2009; 73:1105-1112.

[101] Rahman AU, Choudhary MI. Produtos naturais bioactivos como fonte potencial de novos farmacóforos. Uma teoria da memória. Química Pura e Aplicada, 2001; 73:555-560.

[102] SatheeshKumar N., Mukherjee PK, Bhadra S, Saha BP. Potencial inibitório da enzima acetilcolinesterase do extrato padronizado de Trigonella foenum graecum L e seus constituintes. Phytomedicine, 2010; 17:292-295.

[103] Sharififar F, Moshafi MH, Shafazand E, Koohpayeh A. Atividade inibidora da acetilcolinesterase, antioxidante e citotóxica de três plantas medicinais dietéticas. Food Chemistry, 2012; 130:20-23.

[104] Naidu MM, Shyamala BN, Naik JP, Sulochanamma G, Srinivas P. Composição química e atividade antioxidante da casca e do endosperma das sementes de feno-grego. Food Sci Tech Int, 2011; 44, 451-6.

[105] Alshatwi AA, Shafi G, Hasan TN, Syed NA, Khoja KK. Apoptose induzida por feno-grego em células MCF-7 de cancro da mama mediada independentemente pela alteração do recetor Fas. Jornal do Pacífico Asiático de Prevenção do Cancro, 2013; 14:5783- 5788.

[106] Sarafidis PA, Ruilope LM. Insulin resistance, hyperinsulinemia, and renal injury: mechanisms and implications. Am J Nephrol. 2006;26:232-244.

[107] Levey AS, Atkins R, Coresh J, Cohen EP, Collins AJ, Eckardt KU, Nahas ME, Jaber BL, Jadoul M, Levin A, et al. Chronic kidney disease as a global public health problem: approaches and

initiatives: a position statement from Kidney Disease Improving Global Outcomes. Kidney Int. 2007;72:247- 259.

[108] Organização Mundial de Saúde. Prevenir as doenças crónicas: um investimento vital. Organização Mundial de Saúde; Genebra: 2005.

[109] Hossain MP, Goyder EC, Rigby JE, El Nahas M. CKD and poverty: a growing global challenge (DRC e pobreza: um desafio global crescente). Am J Kidney Dis. 2009;53:166-174.

[110] Vlassara H, Striker LJ, Teichberg S, Fuh H, Li YM, Steffes M. Advanced glycation end products induce glomerular sclerosis and albuminuria in normal rats. Proc Natl Acad Sci U SA. 1994;91:11704- 11708.

[111] Schrijvers BF, De Vriese AS, Flyvbjerg A. From hyperglycemia to diabetic kidney disease: the role of metabolic, hemodynamic, intracellular factors and growth factors/cytokines. Endocr Rev. 2004;25:971-1010.

[112] Tuttle KR, Johnson EC, Cooney SK, Anderberg RJ, Johnson EK, Clifton GD, Meek RL. Amino acids injure mesangial cells by advanced glycation end products, oxidative stress, and protein kinase C. Kidney Int. 2005;67:953-968.

[113] Park JH, Kim JM, Han SB, Kim NY, Surh YJ, Lee SK, Kim ND, Park MK. Um novo ginseng processado com atividade fortificada. In: Hur H, Choi KJ, Kim YC, eds. Advances in ginseng research (Avanços na investigação do ginseng). Sociedade Coreana de Ginseng; Seul: 1998. pp. 146-159.

[114] Kim EJ, Oh HA, Choi HJ, Park JH, Kim DH, Kim NJ. A saponina de ginseng processada pelo calor melhora a insuficiência renal induzida por adenina em ratos. J Ginseng Res. 2013 Mar; 37(1): 87-93.

[115] Kang KS, Ham J, Kim YT, Park JH, Cho EJ, Yamabe N.. Panax ginseng processado pelo calor e dano renal diabético: componentes ativos e mecanismo de ação. J Ginseng Res. 2013 Out; 37(4): 379-388.

[116] Xie XS, Liu HC, Yang M, Zuo C, Deng Y, Fan JM. Ginsenoside Rb1, uma saponina panoxadiol contra danos oxidativos e fibrose intersticial renal em ratos com obstrução ureteral unilateral. Chin J Integr Med. 2009;15:133- 140.

[117] Chen H, Yin J, Deng Y, Yang M, Xu L, Teng F, Li D, Cheng Y, Liu S, Wang D, et al. Os efeitos protectores do ginsenosídeo Rg1 contra a lesão de órgãos-alvo da hipertensão em ratos espontaneamente hipertensos. BMC Complement Altern Med. 2012;12:53.

[118] Zhang HA, Wang M, Zhou J, Yao QY, Ma JM, Jiang CL. Efeito protetor do ginsenosídeo contra a insuficiência renal aguda e a expressão da tirosina hidroxilase no locus coeruleus. Physiol Res.

2010;59:61-70.

[119] Sun Q, Meng QT, Jiang Y, Xia ZY. O ginsenosídeo Rb1 atenua a lesão renal induzida pela reperfusão da isquemia intestinal através da ativação da via Nrf2/ARE. Molecules. 2012;17:7195-7205.

[120] Yokozawa T, Liu ZW. O papel do ginsenoside-Rd na insuficiência renal aguda induzida pela cisplatina. Ren Fail. 2000;22:115-127.

[121] Kondeva-Burdina MS, Simeonova VBRL, Vitcheva VB, Krasteva IN, Zdraveva PK. Efeitos protetores da mistura de saponina, isolada de Astragalus monspessulanus subsp. monspessulanus no estresse oxidativo induzido por hidroperóxido de tert-butil em hepatócitos de ratos isolados. American Journal of Plant Sciences, 2015, 6, 799-803.

[122] Matoni R, Travis L, Cor Z, Vojtech N. Analysis of transec counts to monitor population size in endangered insects: O caso da borboleta azul de El Segundo, *Euphilotes Bernardinoallyni. Journal of insect conservation* 5:197-206 (1993).

[123] Chawala, R. Pratical Clinical Biochemistry Methods and Interpretations, 2.ª ed., JAYPEE, pp 107-134 (1999). JAYPEE, pp 107-134 (1999).

[124] Leeming DJ, Karsdal MA, Byrjalsen I, Bendtsen F, Trebicka J, Nielsen MJ, Christiansen, C, MOller S, Krag A. Novel serological neo-epitope markers of extracellular matrix proteins for the detection of portal hypertension. *Aliment. Pharmacol. Ther.* **2013**, *38,* 1086-1096.

[125] Sun K, Tordjman J, Clément K, Scherer PE. Fibrosis and adipose tissue dysfunction (Fibrose e disfunção do tecido adiposo). *Cell Metab.* **2013**, *78*, 470-477.

[126] Tipoe GL, Leung TM, Liong EC, Lau TY, Fung, ML, Nanji AA. Epi gallocatechin-3-gallate (EGCG) reduz a inflamação do fígado, o stress oxidativo e a fibrose na lesão hepática induzida por tetracloreto de carbono (CCl4) em ratinhos. *Toxicologia* **2010**, *273*, 45-52.

[127] Mohamed Suhaimi NA, Zhuo L. O sal de imidazólio atenua a fibrose hepática induzida pela tioacetamida em ratinhos através da modulação da inflamação e do stress oxidativo. *Dig. Liver Dis.* **2012**, 44, 665-673.

[128] Shaker ME, Zalata KR, Mehal WZ, Shiha GE, Ibrahim TM. Comparação de imatinib, nilotinib e silimarina no tratamento do stress oxidativo hepático induzido pelo tetracloreto de carbono, lesão e fibrose. *Toxicol. Appl. Pharmacol.* **2011**, *252*, 165-175.

[129] Wang D, Shen W, Tian Y, Sun Z, Jiang C, Yuan S. Efeito Protetor dos Componentes Activos Extraídos do Radix Astragali nos Danos à Membrana dos Eritrócitos Humanos Causados por Espécies Reactivas de Oxigénio. China Journal of Chinese Materia Medica, 21, 746-763 (1996).

[130] Dong D, Yin L, Qi Y, Xu L, Peng J. Efeito protetor das saponinas totais da fruta Rosa laevigata

Michx contra a fibrose hepática induzida por tetracloreto de carbono em ratos. Nutrientes 2015, 7, 4829-4850 (2015).

[131] Zhu HL, Wan JB, Wang YT, Li BC, C, He J, g Li P. Compostos medicinais com actividades antiepilépticas/anticonvulsivantes. Volume 55, Número 1, janeiro de 2014, Páginas 3-16.

[132] Nour Eldin EM, Elshebiny HA, Mohamed TM. O papel dos fármacos antiepilépticos na produção de radicais livres e nos níveis de antioxidantes em doentes epilépticos. International Journal of Neuroscience. 2015;1-11.

[133] Choi SE, Choi S, Lee JH, Whiting PJ, Lee SM, Nah SY. Effects of ginsenosides on GABA(A) recetor channels expressed in Xenopus oocytes. Arch. Pharm. 2003. Res. 26, 28-33.

[134] Peng LL, Shen HM, Jiang ZL, Li X, Wang GH, Zhang YF, Ke, KF. A inibição dos receptores NMDA está na base do efeito neuroprotector do ginsenosídeo Rb3. Am. J. Chin. Med. 2009. 37, 759-770.

[135] Kim S, Kim T, Ahn K, Park WK, Nah SY, Rhim H, Ginsenoside Rg3 antagoniza os receptores NMDA através de um local modulador de glicina em neurónios do hipocampo cultivados em ratos. Biochem. Biophys. Res. Commun. 2004.323, 416-424.

[136] Kim S, Nah SY, Rhim H, Neuroprotective effects of ginseng saponins against L-type Ca2+ channelmediated cell death in rat cortical neurons. Biochem. Biophys. Res. Commun. 2008. 365, 399-405.

[137] Chindo BA, Anuka JA, McNeil L, Yaro AH, Adamu SS, Amos S, Connelly WK, Lees G, Gamaniel KS. Propriedades anticonvulsivas das saponinas da casca do caule *de Ficus platyphylla*. Bula de Investigação do Cérebro. 2009. 78, 276-282.

[138] Kim S, Rhim H, Ginsenosides inhibit NMDA recetor-mediated epileptic discharges in cultured hippocampal neurons. Arch. Pharm. Res. 2004. 27, 524-530.

[139] Czapinski P, Blaszczyk B, Czuczwar SJ. Mecanismos de ação dos fármacos antiepilépticos. Curr. Top. Med. Chem. 2005. 5, 3-14.

[140] Otoom S, Sequeira RP. A veratridina induziu uma convulsão do tipo ausência em ratos que se movimentam livremente: um estudo correlacionando os achados comportamentais com as actividades electrofisiológicas. Neuroendocrinol. Lett. 2011. 32, 487-490.

[141] Jordan J, Galindo MF, Calvo S, González-García C, Ceña V. Veratridine induces apoptotic death in bovine chromaffin cells through superoxide production. Br. J. Pharmacol. 2000. 130, 1496-1504.

[142] Singh D, Goe RK. Mecanismo anticonvulsivante da fração de saponinas de raízes adventícias de Ficus religiosa: possível modulação. Rev. bras. farmacogn. vol.26 no.5.2016.

[143] Omojate GC, Enwa F O, Jewo AO, Eze CO. Mechanisms of Antimicrobial Actions of Phytochemicals against Enteric Pathogens - A Review. Jornal de Ciências Farmacêuticas, Químicas e Biológicas. 2014; 2(2):77-85

[144] Monte J, Ana C. Abreu, Anabela Borges, Lúcia Chaves Simões e Manuel Simões. Atividade antimicrobiana de fitoquímicos selecionados contra Escherichia coli e Staphylococcus aureus e seus biofilmes. Pathogens 2014, 3, 473-498.

[145] Moyo et al. Actividades antimicrobianas de extractos *de Moringa oleifera* lam. Jornal Africano de Biotecnologia 2012; 12:34-42.

[146] Hostettmann K, Marston A. Saponins. Cambridge, Reino Unido: Cambridge University Press (1995).

[147] Williams AG, Coleman GS. The rumen protozoa. Em The Rumen Microbial Ecosystem, pp. 72-120 [PN Hobson e CS Stewart, editores]. Londres: Blackie Academic and Professional (1997).

[148] Williams AG. Rumen holotrich ciliate protozoa. Microbiol Rev. (1986) 50, 25-49.

[149] Maatalah MB, Kambuche Bouzidi N, Bellahoue S, Merah B, Fortas Z, Soulimani R, Saidi S, Derdour A. Atividade antimicrobiana dos extractos de alcalóides e saponinas de Anabasis articulate. E3 Journal of Biotechnology and Pharmaceutical Research Vol. 3(3), pp. 54-57, maio de 2012.

[150] Attele AS, Wu JA, Yuan CS. Farmacologia do Ginseng: Bisglicosídeos de base múltipla de Anemone raddeana Regel. Phytochemistry 45, 10311033, (1999).

[151] Adeoye BA, Oyedapo OO. Toxicidade da casca do caule de Erythrophleum guineense: Papel da fração alcaloide. Jornal Africano de Medicinas Tradicionais, Complementares e Alternativas, 1, 45-54, (2004).

[152] Akinpelu, Ayinke B, Oyedapo, Oluboade O, Olugbenga IE, Shode, Francis. Perfil bioquímico e histopatológico da toxicidade induzida pela fração de saponina do extrato de casca de Erythrophleum suaveolens (Guill. & Perri.). Fitofarmacologia 2012, 3(1) 38-53.

[153] Koczurkiewicz P, Czyz J, Podolak I, Wojcik K, Galanty A, Janeczko Z, Marta Michalik M. Multidirectional effects of triterpene saponins on cancer cells mini-review of in vitro studies. ABP Ata Biochemica Polonica. 2015. Vol. 62, No 3. 383-393.

MIX
Papier aus verantwortungsvollen Quellen
Paper from responsible sources
FSC® C105338

Printed by Books on Demand GmbH, Norderstedt / Germany